生命
的思索

SHENGMING DE SISUO

人生大学讲堂书系

人生大学活法讲堂

拾月 主编

主　编：拾　月
副主编：王洪锋　卢丽艳
编　委：张　帅　车　坤　丁　辉
　　　　李　丹　贾宇墨

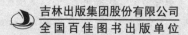
吉林出版集团股份有限公司
全国百佳图书出版单位

图书在版编目（ＣＩＰ）数据

生命的思索 / 拾月主编. -- 长春：吉林出版集团股份有限公司, 2016.2（2022.4重印）
（人生大学讲堂书系）
ISBN 978-7-5581-0734-4

Ⅰ . ①生… Ⅱ . ①拾… Ⅲ . ①人生哲学 – 青少年读物 Ⅳ . ①B821-49

中国版本图书馆CIP数据核字（2016）第041343号

SHENGMING DE SISUO

生命的思索

主　　编	拾　月
副 主 编	王洪锋　卢丽艳
责任编辑	杨亚仙
装帧设计	刘美丽

出　　版	吉林出版集团股份有限公司
发　　行	吉林出版集团社科图书有限公司
地　　址	吉林省长春市南关区福祉大路5788号　邮编：130118
印　　刷	鸿鹄（唐山）印务有限公司
电　　话	0431-81629712（总编办）　0431-81629729（营销中心）
抖 音 号	吉林出版集团社科图书有限公司　37009026326

开　　本	710 mm×1000 mm　1 / 16
印　　张	12
字　　数	200 千字
版　　次	2016 年 3 月第 1 版
印　　次	2022 年 4 月第 2 次印刷

书　　号	ISBN 978-7-5581-0734-4
定　　价	36.00 元

"人生大学讲堂书系" 总前言

昙花一现，把耀眼的美只定格在了一瞬间，无数的努力、无数的付出只为这一个宁静的夜晚；蚕蛹在无数个黑夜中默默地等待，只为了有朝一日破茧成蝶，完成生命的飞跃。人生也一样，短暂却也耀眼。

每一个生命的诞生，都如摊开一张崭新的图画。岁月的年轮在四季的脚步中增长，生命在一呼一吸间得到升华。随着时间的推移，我们渐渐成长，对人生有了更深刻的认识：人的一生原来一直都在不停地学习。学习说话、学习走路、学习知识、学习为人处世……"活到老，学到老"远不是说说那么简单。

有梦就去追，永远不会觉得累。——假若你是一棵小草，即使没有花儿的艳丽，大树的强壮，但是你却可以为大地穿上美丽的外衣。假若你是一条无名的小溪，即使没有大海的浩瀚，大江的奔腾，但是你可以汇成浩浩荡荡的江河。人生也是如此，即使你是一个不出众的人，但只要你不断学习，坚持不懈，就一定会有流光溢彩之日。邓小平曾经说过："我没有上过大学，但我一向认为，从我出生那天起，就在上着人生这所大学。它没有毕业的一天，直到去见上帝。"

人生在世，需要目标、追求与奋斗；需要尝尽苦辣酸甜；需要在失败后汲取经验。俗话说，"不经历风雨，怎能见彩虹"，人生注定要九转曲折，没有谁的一生是一帆风顺的。生命中每一个挫折的降临，都是命运驱使你重新开始的机会，让你有朝一日苦尽甘来。每个人都曾遭受过打击与嘲讽，但人生都会有收获时节，你最终还是会奏响生命的乐章，唱出自己最美妙的歌！

正所谓，"失败是成功之母"。在漫长的成长路途中，我们都会经历无数次磨炼。但是，我们不能气馁，不能向失败认输。那样的话，就等于抛弃了自己。我们应该一往无前，怀着必胜的信念，迎接成功那一刻的辉煌……

感悟人生，我们应该懂得面对，这样人生才不会失去勇气……

感悟人生，我们应该知道乐观，这样生活才不会失去希望……

感悟人生，我们应该学会智慧，这样在社会上才不会迷失……

本套"人生大学讲堂书系"分别从"人生大学活法讲堂""人生大学名人讲堂""人生大学榜样讲堂""人生大学知识讲堂"四个方面，以人生的真知灼见去诠释人生大学这个主题的寓意和内涵，让每个人都能够读完"人生的大学"，成为一名"人生大学"的优等生，使每个人都能够创造出生命中的辉煌，让人生之花耀眼绚丽地绽放！

作为新时代的青年人，终究要登上人生大学的顶峰，打造自己的一片蓝天，像雄鹰一样展翅翱翔！

"人生大学活法讲堂"丛书前言

"世事洞明皆学问，人情练达即文章。"可见，只有洞明世事、通晓人情世故，才能做好处世的大学问，才能写好人生的大文章。特别是在我们周围，已经有不少成功的人，他们以自己取得的骄人成绩向世人证明：人在生活面前从来就不是弱者，所有人都拥有着成就大事的能力和资本。他们成功的为人处世经验，是每个追求幸福生活的有志青年可以借鉴和学习的。

幸运不会从天而降。要想拥有快乐幸福的人生，我们就要选择最适合自己的活法，活出自己与众不同的精彩。

事实上，每个人在这个世界上生存，都需要选择一种活法。选择了不同的活法，也就选择了不同的人生归宿。处事方式不当，会让人在社会上处处碰壁，举步维艰；而要想出人头地，顶天立地地活着，就要懂得适时低头，通晓人情世故。有舍有得，才能享受精彩人生。

奉行什么样的做人准则，拥有什么样的社交圈子，说话办事的能力如何……总而言之，奉行什么样的"活法"，就有着什么样的为人处世之道，这是人生的必修课。在某种程度上，这决定着一个人生活、工作、事业等诸多方面所能达到的高度。

人的一生是短暂的，匆匆几十载，有时还来不及品味就已经一去不复返了。面对如此短暂的人生，我们不禁要问：幸福是什么？狄慈根说："整个人类的幸福才是自己的幸福。"穆尼尔·纳素夫说："真正的幸福只有当你真正地认识到人生的价值时，才能体会到。"不管是众人的大幸福，还是自己渺小的个人幸福，都是我们对于理想生活的一种追求。

要想让自己获得一个幸福的人生，首先就要掌握一些必要的为人处世经验。如何为人处世，本身就是一门学问。古往今来，但凡有所成就之人，无论其成就大小，无论其地位高低，都在为人处世方面做得非常漂亮。行走于现代社会，面对激烈的竞争，面对纷繁复杂的社会关系，只有会做人，会做事，把人做得伟岸坦荡，把事做得干净漂亮，才会跨过艰难险阻，成就美好人生。

那么，在"人生大学"面前，应该掌握哪些处世经验呢？别急，在本套丛书中你就能找到答案。面对当今竞争激烈的时代，结合个人成长过程中的现状，我们特别编写了本套丛书，目的就是帮助广大读者更好地了解为人处世之道，可以运用书中的一些经验，为自己创造更幸福的生活，追求更成功的人生。

本套丛书立足于现实，包含《生命的思索》《人生的梦想》《社会的舞台》《激荡的人生》《奋斗的辉煌》《窘境的突围》《机遇的抉择》《活法的优化》《慎独的情操》《能量的动力》十本书，从十个方面入手，通过扣人心弦的故事进行深刻剖析，全面地介绍了人在社会交往、事业、家庭等各个方面所必须了解和应当具备的为人处世经验，告诉新时代的年轻朋友们什么样的"活法"是正确的，人要怎么活才能活出精彩的自己，活出幸福的人生。

作为新时代的青年人，你应该时时翻阅此书。你可以把它看作一部现代社会青年如何灵活处世的智慧之书，也可以把它看作一部青年人追求成功和幸福的必读之书。相信本套丛书会带给你一些有益的帮助，让你在为人处世中增长技能，从而获得幸福的人生！

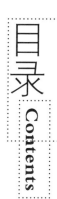

第1章 认识自己最宝贵的财富——生命

第2章 有家才能立大业——亲情与生命

第3章　友情是滋养生命的雨露——友情与生命

第5章　生命就是一刹那的时光—— 时间与生命

第6章 境遇伴随心态的转变而改变——心态与生命

第7章　人生态度决定生命高度——思想与生命

第 **1** 章

认识自己最宝贵的财富——生命

说到价值，大多数人首先会想到有形的物质，而很少想到生命自身存在的意义。太史公司马迁说："人固有一死，或重于泰山，或轻于鸿毛"。所以说，人的生命本身就蕴含着无形的宝贵财富，这是谁都不可否认的事实。马克思在《资本论》中对价值是这样定义的：一种事物，能够满足另一种事物的某种需要的属性，称之为"价值"。顾名思义，生命的价值，即因为生命的需求而产生的，能满足生命的存在、延续或发展进化等其中某一种需求的属性。

第一节　生命是造物者给予我们的短暂的美好

对于每一个人来说，生命都只有一次，是无比珍贵的，因此每个人都应该好好珍惜。并且，就目前来说，我们还没有发现其他有生命存在的星体，地球上的生命是独一无二的。所以说，一切的生命都值得我们珍惜和敬畏。每次在看电视时，经常会锁定《动物世界》这个节目，不仅仅是因为主持人在解说时那充满魅力的语言，其最大的看点还在于动物微妙的生存法则。我会不由得慨叹那些经过亿万年的"物竞天择，适者生存"而存活下来的生命，而这些生生不息的生命在"弱肉强食"的自然法则中却会为了生存在瞬间丢掉了自己的生命：被自然灾害所吞噬，被其他动物所猎食，甚至在同类之间也会出现自相残杀的行为。每次在看到这些触目惊心的画面时，除了感慨动物生存的艰辛以外，更多的是会深思动物生命的脆弱，换个思路想一下，我们也要提醒自己，身为高等动物的人类，更要明白生命的来之不易，更要懂得珍惜自己短暂的生命。

珍惜短暂的生命

提到人生的短暂，相信大多数人都曾感慨过时光飞逝、日月如梭，时间过得真是太快了。每当我们回首往事的时候，会发现很多经年往事仍然历历在目，好多事都好像发生在昨天，有着似曾相识的感觉。犹太人的先知摩西在《诗篇》第90篇中感慨地说："在你看来，千年如已过的昨日，又如夜间的一更。他们如水冲去，他们如睡一觉。早晨他们如生长的草，晨起发芽生长，晚上被割下枯干……我们经过的日子都在你震怒之下；我们度尽的年岁好像一声叹息。我们一生的年日是70岁，若是强壮可到80岁；但其中所矜夸的不过是劳苦愁烦，转眼成空，我们便如飞而去。"

生命如白驹过隙，其中又充满了很多无定的因素，在这些消极或积极的因素面前，存在主义者对生存的意义发出了怀疑，由焦虑至失望，由失望至恐惧。即使他们倡导以勇气去面对事实，也只是一种无可逃避的应付方法。所以有许多智者和行业精英在达到自己人生辉煌顶峰的时候，反而抑郁与彷徨了，更有些人因为走不出这些心灵的黑暗历程而产生了轻生的念头。曾在新闻上看到这样一件骇人听闻的事。

美国新泽西州的一名实验中学女学生跳楼自杀。这件事情让人感触颇深，不管由于什么原因，一段18岁的青春年华就这样消失了，一个鲜活的生命就这样一去不返。她如此简单地了却了自己的一生，又何曾考虑过关心她的父母、朋友。他们将会多么的伤心！给予她生命的父母含辛茹苦地养育了她18年，指望着她日后能够上一个好大学，能有一份好的工作，然后让她的父母安享晚年。可这一切都在那个女孩跳下的一瞬间化为了泡影，美好的期盼一瞬间灰飞烟灭，从此走向了绝望黑暗的生活。她可以自私地离开，可以自私地抛弃一切，但她周边的人们将多么惋惜，多么悲伤。

当她纵身一跳，她是离开了一时的难过，但她却放弃了一生的快乐。人生中还有无数新鲜的事物等待她去探索发现，可她却轻易地放弃了她本该继续快乐的权利。

青少年正值人生的大好时光，今后的一切生活也许就在这里改变，她完全可以去拼搏，去努力得到自己的快乐，为何又要轻言放弃呢？每个人的生命中都不可避免地要经历或多或少的坎坷与挫折，只要满怀信心地去面对，一定能看到风雨之后的彩虹，采取极端的方式是解决问题的办法吗？父母给我们的生命就应该这样被轻视吗？生命真的就是这样一文不值吗？答案是否定的。

英国著名小说家丹尼尔·笛福的《鲁滨孙漂流记》中的主人公，在乘船前往南美洲的途中遭遇风浪被卷到一个无人居住的小岛上生活了28年之久，但在孤独寂寞中他从未有过放弃生命的念头。反而依靠残船上仅有的资源开辟出了一番新的天地，他一点点地蓄养牲畜，学会种植谷物，后来甚至教化了岛上的野人"星期五"，并教会了他说话。这是何等乐观的心态。

在选择继续生存还是结束生命面前，他从未想过放弃生命，从未放弃过一丝求生的希望，这就是自信的表现，这就是求生的欲望。经受住死亡考验的鲁滨孙都已经人过中年，而身为祖国未来的主人，我们又有什么理由对生命如此不屑一顾呢？

如何珍惜生命

生命是每个人追求幸福最基本的条件，失去了生命你将失去一切。那么，我们应该怎样做到珍惜生命呢？

对于青少年来说，珍惜生命，首先的就是要敬畏生命，由此才能认识生命、热爱生命、善待生命。每个生命，对于个体来说，都是唯一的。生命是平等的，生命更是神圣的，值得我们去重视、善待。

身为新时代的青少年，我们应该认识到生命的难得与可贵，关注并珍视生命，在生命面前保持谦恭与敬畏，要将"生的意志"当作是神圣的东西，加以肯定、尊重，并且反对对生命的破坏与压迫。

☆敬畏自然界的一切生命

父母给予我们生命，是希望我们热爱和珍重它，爱家、爱国、爱这个世界。一切生命都是大自然的神奇造化，是美丽且独一无二的。别人的生命和自己的生命是一样重要的。我们不但要珍视和爱护自己及他人的生命，更要珍爱在这个世界上与我们同生同长的一切有生命的东西，不但要重视动物的生命，也要重视动植物的生命。大自然就是一个无形的生物链，每个人的生命仅是其中的一个环节，任何一个环节出了问题，都会造成生物链的连续反应。

☆要有一个良好的心态

我们来到这个世界上，能够圆满度过自己的一生是很不容易的一件事情。在我们的人生中，不可能永远是春光明媚，还会有冬日霜雪，更重要的是面对困难时的心态。

泰戈尔在一首诗中写道："天空不留下鸟的痕迹，但我已飞过。"多么坦然的一种心态！这个世界美丽纷扰，许多事的得失成败我们不可预料，也承担不起。因而，我们只需尽力去做，求得一份付出之后的坦然和快乐，不必总是计较得失成败。

☆坦然地去面对生活

生命是短暂的，一百年的时间也不算长。我们活着，有幸感受这五光十色的世界，经历酸甜苦辣的一生，每一种经历都应该好好接受，好好品尝，好好珍惜。无论是幸福的感受还是不幸的体会，都是生活赐予我们的礼物，一如金子般珍贵。

虽然幸福是我们所渴求的，但穿过不幸我们却获得了坚强和经验。因此，无论如何，我们都应该善待自己，善待这有限的一生，微笑着去面对这亦福亦祸的人生。

☆正视挫折和失败

父母把我们带到这个世上，并不只是想让我们生活得体面、富有乃至飞黄腾达，他们真正的愿望是让我们平安、健康、快乐地生活。他们不期待我们为他们做什么，只要我们能战胜困难挫折，平安快乐地过一生，就是他们的欣慰和骄傲。请记住，没有蓝天的深邃，可以有白云的飘逸；没有大海的壮阔，可以有小溪的优雅；没有原野的绚丽，但可以有小草的翠绿。面对挫折和失败，我们可以自信地微笑：我们年轻，一切都可以从头再来。

生命是最宝贵的，我们应认识生命、保护生命、敬畏生命；生命是至高无上的，我们应尊重生命、热爱生命、欣赏生命。让我们共同牢记吧，造物者赋予了我们美好的生命，它看似平常，但很珍贵。它存在于每个人的身上，但只有一次。

第二节　生命没有高低贵贱之分

抓住生命中真正的平等

不能因为日食，我们就说太阳不是永恒的；不能因为半月，我们就说月球不是圆的。任何事都有双面性，没有哪一天、哪种环境是百分之百的"好"。我们之所以常常会抱怨生活的不公平，是因为我们没有认清自己，并对自己的处境总是抱着一种负面、消极的想法，而不是一种积极、乐观的看法。生活中的很多人都认为生命是有高低贵贱之分的，人们为了让自己可以变得高贵，绞尽脑汁费尽心机地争取，每当取得了那么一点点成就的时候，就会沾沾自喜，觉得自己高人一等。可是每当我们发现别人比自己的成就更伟大，超过自己的时候，又会产生自不如人的心理，觉得没有他人优秀。由于不能正视自己和他人，我们才会被烦恼和痛苦所笼罩。

男孩君君是个有智力障碍的儿童，大家都看不起他。小伙伴们要么躲得远远的，要么一起欺负他，总之没有人肯真心真意和他一起玩儿。后来，有一个非常漂亮的小女孩加入了进来。

有一天小女孩发现了男孩君君，就惊讶他为什么老是一个人玩，而且安静得不发出一丝声响。伙伴们告诉小女孩，他是个傻瓜，什么都不懂，别人叫他做什么他就会做什么。小女孩动了恻隐之心，撇下小伙伴们一个人去找小男孩君君。起初君君对她的到来不闻不问，小女孩也不灰心，继续细声细语地和他说话。一天、两天过去了，男孩君君终于抬起头来，含混不清地说出三个字："好姐姐！"此后，"好姐姐"就成了小女孩在小男孩心中的名字。他和小女孩在一起开心地大笑，开心地在地上打滚，他开心地为好姐姐做她要求的任何一件事。

渐渐地，小伙伴们都长大了，都知道人生中的一些幸运和不幸，也知道了当年对待男孩君君的方式是一种歧视与错误。君君也已长大成人，智力有所恢复，幼年时的反应迟钝已荡然无存。

若干年后，儿时的小伙伴们不经意间聚到了一起，大家都对君君说着同样抱歉的话，大家希望君君能原谅他们由于年少无知而给他带来的伤害。君君用微笑宽容了每一个人，并告诉众人他一生都在感谢"好姐姐"，是她在他幼小的心灵中灌注了平等地与大家站在一起的思想。

众人这才想起当年那个漂亮的小女孩，不知她如今身在何方。君君解答了众人的疑问："好姐姐在满园花开的天堂！她当年就患上了白血病，生命不会超过半年，但她用一个月的时间就教会了我关于生命的一切。和她在一起，我得到了平等的关爱与交流。而对于当时的我来讲，最需要的是平等而不是怜悯。"

众人不语。他们似乎开始明白，生命中的不平等是多么平常，而真正的平等又是多么的来之不易。

这往往不是我们忽视了平等，而是太多时候我们夸大了自己的优点，刻意认为自己比别人优秀，并且总会固执地去寻找别人的缺点给自己以安慰。真正能做到平等的却往往又是因为双方的处境或条件相当，这也许是一种无法回避的真实的悲哀。

生命是平等的

每个人的生命都是平等的，每个人来到这个人间，发出第一声啼哭时就得到了一份宝贵的财富——"生命"。每个人都拥有生命，但是每个人拥有的生命都不一样，这也决定了人们各不相同的人生。为什么说每个人的生命都是平等的，但是延续的生命却不一样呢？因为每一个人都是"独一无二"的。人从婴儿到幼儿，儿童到少年，从青年到老年，都要经过生老病死，但是人只有在面临死亡的那一瞬间才能体会到人生的短暂，才能感悟到生命的真谛！

　　2009年，苹果总裁乔布斯被查出患肝硬化晚期。医生告诉他，必须马上进行肝移植，才能挽救他的生命。乔布斯最终同意了肝移植手术方案。院方马上为乔布斯在加利福尼亚州肝脏移植中心进行登记，等待肝源。可是院方发现，要进行肝移植的病人很多，如果排到乔布斯至少需要10个月的时间。为了尽快挽救乔布斯的性命，院方马上又为乔布斯在其他州登记。这种跨州登记在美国是法律所允许的，目的是争分夺秒地抢时间，尽快地挽救病人的生命。院方发现，几个州中最快的是田纳西州，只需要6个星期就可以等到。于是，院方决定让乔布斯在田纳西州进行肝移植。乔布斯被排在了需要肝移植的人中的最后一个。对于急需进行肝移植的病人来说，每一分、每一秒都显得那么宝贵。这时，有人找到医院院长杜尔先生，希望杜尔能行驶一下院长的特权，让乔布斯插个队，优先为乔布斯进行肝脏移植。院长杜尔先生听了，皱起了眉头，脸上露出十分惊讶的神色。他两手一摊，无奈地耸耸肩，说道："我哪有那个特权让乔布斯插队？如果让乔布斯先移植了，那么其他的病人怎么办？一切生命都是平等的。"说情的人，只好郁郁寡欢地离开了杜尔的办公室。有人又找到田纳西州州长菲儿·布雷德森，希望布雷德森能帮帮忙，使用一下特权，给院方打个招呼，或写个批条，让乔布斯先移植，否则，乔布斯会有生命危险。布雷德森听了，脸上的笑容转瞬即逝，他严肃地说道："我哪有那个特权？打个招呼？批个条？什么意思？我不懂！谁也没有什么特权能让谁先移植，谁可以后移植。一切生命都是平等的，大家只能按照排队顺序来进行。"说情的人，又只好郁郁寡欢地离开州长办公室。有人对乔布斯悄悄地说道："看能不能花点钱，给有关人员打点打点，让您先移植？"乔布斯听了，吃惊地说道："这怎么行？那不是违法了吗？我的生命和大家一样的，大家只能按照顺序来排队！"

生命是平等的，没有任何人能帮助乔布斯，包括他自己。那些排在乔布斯前面的需要肝移植的病人，有的是普通的公司职员，有的是家庭主妇，有的是老人，还有的是失业者，他们都在按照顺序排队，等待可供移植的肝脏。生命，对于每一个人来说，都是那么宝贵。6个星期后，乔布斯终于等来了可供移植的肝脏。可是，由于等待时间太长，乔布斯的癌细胞已经转移。这次移植，只延长了乔布斯两年多的生命。但是，乔布斯无怨无悔。他在生命最后两年多的时间里，依然在为苹果公司开发更加新颖的苹果产品，一直到他生命的最后一刻。

生命没有高低贵贱的区别，任何生命都是平等的。平等不是口号，平等不是作秀，平等更不是交换，它是生活中最生动、具体的表现。它如明月般皎洁，光可鉴人，散发着圣洁的光芒，它使我们看到了人性的光辉，直抵我们内心的柔软。

一个人一生付出再多的努力，赚来的钱也是有限的，一个人手里只有1元，和一个人手里有1亿，是穷富的区别，却不是贵贱的区别。好比一个孩子手里有1粒糖果或100粒糖果，对于孩子来说，是糖果的数量发生了变化，而孩子还是孩子。

没有一个孩子会因为手里的糖少而变得下贱，也没有一个孩子会因为手里的糖多而变得高贵起来。而我们所获得的成就也是如此。再比如说，孩子堆砌的积木玩具，堆得越多越高，自然会获得别人的称赞和羡慕的眼光，可是堆起积木的多少却无法体现一个孩子的本质。

功成名就，光宗耀祖，是绝大多数人的向往。这并没有错。但是无论地位高低，都是生命。生命存在差异，这是客观的现实。可是生命本身并不存在贵贱之分，是我们人为地用不同的标准去划分自己和别人，才产生了痛苦和烦恼。正视自己，也正视别人，人生就会充满阳光和快乐。每一个生命都有其存在的意义和价值，无论其多么渺小，也值得珍惜，因为每一个生命都是造物主给予我们的财富。

第三节　理想的生命在于对现实的抉择

西方一位哲学家说过，人的一生就是在不断选择和放弃中度过的。每个人的时间和精力都是有限的，能做的事情也有限，我们总要选择一些事情去做，放弃另外的事情。不会选择，我们就很有可能走错路，导致失败；不会放弃，我们就积重难返，没有力量迈向更高的台阶。

做人要善于选择

选择无处不在：选学校，选工作，选朋友，选伴侣，选时机，选环境……人人在选择，人人被选择。选择，是为了"两害相权取其轻，两利相权取其重"，选择的过程是一个"痛并快乐着"的过程，有时候甚至要忍痛割爱以获得更多的快乐。

☆选择决定出路

古希腊哲学家阿那哈斯曾问一位种葡萄的人，一棵葡萄树上有多少果实？那个种葡萄的人一时语塞。阿那哈斯告诉他说："至少有三种：一种是欢乐，一种是苦痛，一种是糊涂。"阿那哈斯用葡萄来比喻人生，他把人生归为三种活法，有的人会活得很快乐，有的人会活得很痛苦，也有的人却是浑浑噩噩的，不知所谓。但是，不管是什么样的人生，最终都是由自己去选择的，那么我们应该选择什么样的人生呢？

有三个人要被关进监狱四年，监狱长说可以满足他们三个一人一个请求。甲爱抽雪茄，要了三箱雪茄。乙比较浪漫，要一个美丽的女子相伴。而丙说，他要一部与外界沟通的电话。四年过后，第一个冲出来的是甲，嘴里鼻孔里塞满了雪茄，大喊道："给我火，给我火！"原来他忘了要火了。跟在甲身后出来的是乙，只见他手里抱着一个小孩子，美丽女子手里牵着一个小孩子，肚子里还怀着第三个。最后出来的是丙，他紧紧握住监狱长的手说："这四年来我每天与外界联系，我的生意不但没有停顿，反而增长了300%，为了表示感谢，我送你一辆凯迪拉克！"

同样身份的人因为做了不同的选择，而选择的差异就产生了不同的结果，进而造就了不同的人生。阿那哈斯说人生有三种滋味，想要品尝到什么样的滋味，都在于自己的选择。

西方的一位哲人曾说："每天早上我告诉自己，我有两种选择，可以选择好心情，或者选择坏心情。我总是选择好心情，即使有不好的事发生，我也坦然面对，就像太阳落山、秋风扫落叶一样自然而然。"

人生其实就是一连串的选择，而那些如空气一样充塞在我们心里的快乐才是最重要的。正如印度诗人泰戈尔所写的："你知道，你爱惜，花儿努力地开；你不知，你厌恶，花儿努力地开。"是的，不管你看见还是看不见，花儿总在开，不管你能不能看到，日子总是一天天地流逝，你是快乐还是痛苦地度过每一天，这全在于你自己心灵的指针指向哪个方向。

☆自主抉择命运

事能知足心常乐，人到无求品自高。一个人只有用自己的双手来创造天下，用自己的双脚来走遍天下，用自己的血汗来洗涤天下，才是成功人士的所作所为。

经常会听到周围有人怨天尤人道："老天为何对我这样不公？"看自己手中拿的总是坏牌，彻底没希望，看别人活得总比自己洒脱，功名俱随。这其实是对命运的一大误解。深入到每个成功者的后面，哪一个没有可歌可泣的故事，哪个成功故事不是由血汗和泪水写成的。

天赋优越固然好，然而，天下不如意事十有八九，岂能尽如人意？

当遗传、环境、遭遇和经验造就了禀赋不同的人生时，我们该用一个什么样的心态去面对呢？

《庄子》中有一则发人深省的故事。子舆有很多先天性的缺陷：驼背、隆肩、脖颈朝天。他的朋友问他："你很讨厌自己的样子吧？"他回答说："不！我为什么要讨厌它呢？假如上天让我的左臂变成一只鸡，我就用它在凌晨来报晓；假如上天让我的右臂变成弹弓，我便用它去打斑鸠烤了吃；假如上天使我的尾椎骨变成车轮，精神变成了马，我便乘着它遨游世界。上天赋予我的一切，都可以充分使用，为什么要讨厌它呢？得，是时机；失，是顺应。安于时机而顺应变化，所以哀怨不会入侵到我心中。"

这位叫子舆的古人是多么豁达，能够坦然地去接受并欣赏自己的缺陷，不自暴自弃，而且顺应客观，充分发挥自己独特的潜能，化劣势为优势。古人尚且如此通达，何况身处经济与科技飞速发展的社会的现代人呢？然而，现实中就有这种人，他的优势与这位古人比起来可以说是有过之而无不及，才智双绝，就是经受不住别人的"语言炸弹"，最后，在自怨自艾中迷失了自我。本来，这种人与成功仅几步之遥，稍作努力，他的人生就会柳暗花明。但是，这关键的几步就是有许多人难以跨越。

社会纷争，家长里短，常常会不尽人意。伤心的事、倒霉的事、煞风景的事，构成了生活画面中不协调的线条，谱成了生活中不和谐的音符。一个人只有一个心胸，只有一个思想，这些板块、音响、光色，不想看到也得看，不想理它也得理。开心也好，烦恼也好，无可奈何，听之任之也好，置之不理、耿耿于怀也好，它们都在你的眼前，在你的生活中，渗入到你人生中的方方面面。

现代人生活在紧张的竞争氛围中，应首先学会超脱，学会自寻快乐，才能保持良好的心态，轻松愉快地生活。这样做，首先得排解一切挥之不去的阴影，才能走出怨叹的怪圈。哀叹命运的不公，怨叹自己天生命不好，在摇首叹息之际，也就将机会交给了别人，怪谁呢？

要知道，一个人命运的好坏，并非天生注定，也不能被别人操纵。

三十年河东，三十年河西，一个人一生不可能永远幸运，也不可能永远被厄运缠身。要相信，命运由我们自己创造，也应该由我们自己掌控。

人生的道路上，如果你奋斗了，努力了，拼搏了，但你依然屡遭挫折，连栽跟头，也不用抱怨命运的不公，而是要理智地接受和承认现实，并进一步找出遭到挫折和失败的原因，进而改变现状，改变命运，这才是智者的选择。

学会选择才能把握机遇

机遇总是留给有准备的人，它最终能不能为你效力，能不能替你创造财富，关键要看你是否善于选择。

天下没有免费的午餐，选择机遇更是需要付出代价的，有时候差之毫厘，失之千里，一失足成千古恨。一个人如果有时间坐下来回顾自己走过的路，多多少少总会有一些对当初选择的后悔。有人说："人生的悲剧说穿了就是选择的悲剧。随便选择机遇将失去更好的机遇。"我们姑且不论前半句话是否属实，但就人生的机遇而言，后半句话则值得我们重视。

黄磊是北方一所名牌大学的高才生，学的是计算机专业，毕业时，一家国内知名企业执意要挽留他。另外几家外资企业要接收他。但黄磊认为，凭着他的文凭和学识，完全有能力在更高级的企业或机关任职，于是他拒绝了这些企业的聘请。经过一番异常激烈的竞争，黄磊终于被一家中央直属机关录用。在机关里，上司把黄磊安排在大量数据的统计整理之中。这与他学的专业相距十万八千里。黄磊最初的热情也慢慢消退，变得心灰意冷起来。工作也不断出现失误，而且由于出差时私自旅游而耽误了工作，受到主管领导的严厉批评。几年过去了，黄磊原来的专业知识不但没有派上多大用场，甚至慢慢忘得一干二净了。有些时候，黄磊也想过要调动工作，但专业知识已经忘得难以补救回来了。又过了几年，因为他的工作没有多大起色而被炒了鱿鱼。这时他才深切体会到"一着不慎，满盘皆输"的道理。

就职场上职业的选择来说，最关键的一步就是能否充分认识自我。如果黄磊能够充分认识自己，抓住当年国企或外企的聘请机遇，选择用己之长，避己之短，那么，他的命运便会截然不同，或许此时正迈步在人生事业的巅峰上。

苏联心理学家索尔格纳夫认为，在发挥自己的最佳才能时，不要把"想做的"和"能做的"以及"能做得最好的"三者的概念混在一起。而恰巧，这正是人们最常犯的错误。

高才生黄磊选择的职业只是他最初想做的，而且在他看来，他也是"能做"的，数据统计和整理对于一个计算机专业的高才生来说是最基础的东西，毫无压力可言。而关键的问题就在于，他选择的并不是自己"能够做得最好的"，这就是悲剧的根源所在。

索尔格纳夫还这样说过："每一个人都不要做他想做的，或者应该做的，而要做他可能做得最好的。拿不到元帅杖，就拿枪；没有枪，就拿铁铲。如果拿铁铲拿出的名堂比拿元帅杖而总是打败仗的强千百倍，那么拿铁铲又何妨？"索尔格纳夫这个比喻生动地说明了合理选择人生之路的重要性。

因此我们说，只要你做了正确的选择，你就能够捕获机遇。一个人要学会选择，选择你喜欢并擅长做的事。只要你在自己的人生道路上找到适合自己的人生坐标，就能抓紧机遇，用自己的聪明才智走到成功的彼岸。

第四节　付出才是生命的
最大价值

说到价值，大多数人首先会想到有形的物质，而很少想到生命自身存在的意义。太史公司马迁说："人固有一死，或重于泰山，或轻于鸿毛"。所以说，人的生命本身就蕴含着无形的宝贵财富，这是谁都不可否认的事实。

马克思在《资本论》中对价值是这样定义的：一种事物，能够满足另一种事物的某种需要的属性，称之为"价值"。顾名思义，生命的价值，即因为生命的需求而产生的，能满足生命的存在、延续或发展进化等等其中某一种需求的属性。

自私扼杀价值

从茹毛饮血的原始时代至今，人类已经有了几百万年的历史，无数人的生命构成了一部人类史，人类进化的原动力就是绝大部分的生命，他们牺牲了自己，才有了今天的人类。相反，在历史长河中，那些自私自利、随波逐流的生命，或对历史的航船产生阻碍的生命，他们对历史无风险可言，更没有价值。

贾似道是中国历史上著名的自私自利、卖国求荣的奸臣。他在政治腐败、国运衰微的南宋末年，由一个专事吃喝嫖赌的浪子迅速爬到了右丞相兼枢密使的高位。他残酷地压榨人民，过着极其荒淫奢侈的生活。在元军大举攻宋的时候，他又向敌人称臣请降，成了出卖国家和民族利益的罪人，最后落得个人人唾弃的可耻下场。据史书记载，此人自幼顽劣，酗酒赌博，品行不端。他同父异母的姐姐为宋理宗的爱妃，他凭着这层关系青云直上，不久就跻身于朝廷执政大臣之列。他有恃无恐，更加放浪形骸，经常混迹于酒楼，还经常泛舟于西湖彻夜宴游。他混迹朝廷，虽拥有一定的理政能力，但奸恶无道，窃弄威权。

公元1259年，忽必烈率蒙军包围鄂州久攻不下，因军中瘟疫流行，粮食供应不济，再加上国主蒙哥驾崩，正准备撤军，贾似道却背着宋理宗，私下对蒙古称臣议和，不但割让长江以北大片土地，每年还得进贡白银20万两、绢20万匹。事后他不准将官将议和一事报告皇帝，凡不满自己做法的人，不是被杀害就是被撤职。他还自刻《奇奇集》，把丧权辱国求和的事吹嘘成"鄂州退敌大捷"。

宋理宗死后，宋度宗继位，他又官晋太师，还被封为魏国公，便更加无恶不作。他觊觎某公卿的一条玉带，便下令掘墓也要攫为己有；他一个小妾的哥哥到王府前窥视，被他碰见，竟下令把他捆绑起来扔到火中烧死；他的爱妾李氏有次游湖时看到两位青年男子风度翩翩，脱口赞道："美哉，二少年！"他听了后便把李氏的头颅砍下来，装在盒子里让众姬妾观看。

公元1274年，元世祖忽必烈下诏进攻南宋。第二年，贾似道率13万兵在丁家州被元军打得大败，被杀将士的血把整条江水都给染红了。贾似道由此被朝廷免职。

贾似道被免职后要回绍兴为其母守孝，绍兴地方官不给他开城门，他便改到婺州居住，婺州人却到处张贴布告驱逐他。朝廷见贾似道如丧家之犬，没人收留，便由绍兴知府派出会稽县尉郑虎臣，押送他到循州安置。上路后夏日炎炎，郑虎臣故意掀开轿盖让他暴晒，沿途多次逼他自杀。他说："太皇许我不死。"到了漳州木棉庵，郑虎臣便把他杀死在附近的厕所里，为民除掉一大祸害。

历史上自私自利的不仅有贾似道这类的奸臣，无数的帝王将相穷极一生，不惜牺牲百姓的生命与利益寻求所谓的"长生不老"之术来延续自己的生命，最终落得个无果而返、抑郁而终的下场，死后还要遭到百姓的唾骂。

无私弘扬价值

列夫·托尔斯泰说，"人生的价值，并不是用时间，而是用深度去衡量的"，而无私奉献彰显了生命的价值。无私是鲁迅先生"俯首甘为孺子牛"的情怀；是周总理鞠躬尽瘁，死而后已的精神，是孔繁森将自己的一生奉献给阿里，是李素丽在公交车上流下的晶莹汗珠。他们以无私的奉献实现了自己的人生价值，为社会进步做出巨大贡献，为世人称颂，为社会贡献着美丽光芒。在社会发展中，物质文明和精神文明都源于无私的奉献，因此，奉献在兼顾个人利益的同时已成为社会进步的动力。每个人的能力都有大小，分工也有不同，但只要有自觉的奉献精神，奉献于国家，奉献于社会，奉献于家庭，奉献于他人，我们的生活就都能获得不寻常的意义，就能在人生的旅程中体现自己的价值。

2008年5月12日清晨，天空阴沉沉的。下午2点多钟，谭千秋正在教室上课。这堂课上，他正在给学生讲"人生的价值"。"人生的价值是什么？是大公无私，是为他人着想，为集体着想，为国家着想……"

他刚讲到高潮部分时，房子突然剧烈地抖动起来。地震！意识到情况不妙，立即喊道："大家快跑，什么也不要拿！快……"同学们迅速冲出教室，往操场上跑。房子摇晃得越来越厉害了，并伴随着刺耳的吱吱声，外面阵阵烟尘腾空而起……还有四位同学已没办法冲出去了，谭千秋立即将他们拉到课桌底下，自己弓着背，双手撑在课桌上，用自己的身体盖着四个学生。

"轰轰轰"，砖块、水泥板重重地砸在他的身上，房子塌陷了……他弓着身子，张开双臂紧紧地趴在课桌上，伴着雷鸣般的响声，冰雹般的砖瓦、灰尘、树木纷纷坠落到他的头上、手上、背上，热血顿时奔涌而出；他咬着牙，拼命地撑住课桌，如同一只护卫小鸡的母鸡，他的身下蜷伏着四个幸存的学生，而他张开守护翅膀的身躯定格为永恒……

2008 年 5 月 13 日 22 时 12 分，谭千秋终于被找到。"我们发现他的时候，他双臂张开着趴在课桌上，后脑被楼板砸得深凹下去，血肉模糊，身下死死地护着四个学生，四个学生都还活着！"

第一个发现谭老师的救援人员眼含热泪，他说，谭老师誓死护卫学生的形象是他这一生永远忘不掉的。"地震时，眼看教室要倒，谭千秋老师飞身扑到了我们的身上。"回忆当时的情景，获救的学生神情仍然紧张。他用自己 51 岁的宝贵生命诠释了爱与责任的师德灵魂，被湖南省委书记张春贤誉为"英雄不死，精神千秋"。

每当我们看见骄阳当空时，就知道是地球在转动，但这并不是我们自己的发现，我们只是用哥白尼的日心说来解释自然现象。当我们看到熟透了的水果从树上掉下时，就知道是地球的引力作用，可事实是我们仍然在用牛顿的万有引力来说明。虽然现代科技早已让前人们异想天开的事成为了可能，但我们仍不能忘记前人的努力，他们用尽毕生的精力，甚至用自己的生命换来了社会与科技的进步，换来了我们如今的美好生活，难道生命的价值不该是这样吗？

如果我们有机会在医学院见到镭，立刻就会想起科学史上一名伟大的科学家——居里夫人。她倾尽了毕生的心血，在丈夫皮埃尔·居里因车祸而去世后，仍独自忍受着巨大的悲痛坚持着科学实验，终于在1898年向世界宣告发现了人类史上一个重要的天然放射性元素——镭，向世人证明了天然放射性元素的存在。但居里夫人自己并没有申请专利，而是将这笔宝贵的财富无私地奉献给了世人。在人生的最后岁月，居里夫人因为过多的接触放射性物质，在 1934 年因白血病而逝世，享年 67 岁，实现了她生命的价值。

不论是牛顿还是居里夫人，他们为科学献身的精神共同向人们诉说了一个无可争议道理，一个人生命的价值就是在这世界上留下有意义的东西。

如果从生活的角度翻开伟人的字典，你会发现在他们的词条中，"奉献"这个词跟"幸福""快乐"之间是用等号连接的。人很难得到名扬世界的荣誉，但只要你去奉献，你就会变得快乐，你的生活也会变得充实。例如北京优秀售票员王桂荣、长城风雨衣公司经理张浩世等等都是普通人，他们的奉献是默默无闻的、一点一滴的，但他们仍然会被历史所铭记。

当今社会中，有人将生命的价值诠释得"很好"。他们整天不思进取，每时每刻只想着如何才能赚大钱，一切向"钱"看——这种人将生命的价值与金钱之间用等号连接，使自己的生命变得消极灰暗。

翻开历史的功名册，曾被毛泽东亲自提词"向雷锋同志学习"的人民好战士——雷锋，正是意识到了生命的本质、意义与价值，从而达到生命的至高境界，进而说出了"人的生命是有限的，可是，为人民服务是无限的。我要把我有限的生命，投入到无限的为人民服务之中去"这般肺腑之言。

他在短暂的 22 年的生命之中，把自己的理想和国家的命运，社会的发展融为一体，坚持把"为人民服务"作为自己的生活目标，让自己有限的生命之光发出了无限的耀眼之芒。

作为新时代的青少年，我们在享受着前人的奉献的同时，不仅要懂得奉献，更要向周围人传播奉献精神，这是我们做人的原则，也是我们生命的价值与意义。

第 2 章

有家才能立大业——亲情与生命

古代先哲说："身体发肤,授之于父母。"父母共同缔造了我们的生命,在父母的心里,那分离出去的部分才是真正的生命。所以,毫无疑问,父母的爱是人类最伟大的爱,在所有的爱中,没有任何爱能凌驾于父母的爱之上,没有任何爱能比得上父母之爱的宽厚和博大。

第一节 不要忽略给你生命的人

每一种生命的诞生和延续都不是独立的历程。草木的存活尚且需要春风的复苏、夏雨的滋养、秋露的呵护、冬阳的温暖，我们人类的生命也一样离不开诸多条件，所以，我们应该感激生命，感激生命缔造者的伟大和艰辛！

母爱如水

古代先哲说："身体发肤，受之于父母。"父母共同缔造了我们的生命，在父母的心里，那分离出去的部分才是真正的生命。所以，毫无疑问，父母的爱是人类最伟大的爱，在所有的爱中，没有任何爱能凌驾于父母之爱之上，没有任何爱能比得上父母之爱的宽厚和博大。

在生命似乎漫长但又极其短暂的历程中，我们不可避免地会发出"生命诚脆弱，人生何其艰"的慨叹。但是我们却没有任何理由放弃生命，因为生命是父母赋予我们的最宝贵的财富，是天地乾坤间情感凝结的精华，生命不可泯灭，我们要感谢生命，感恩父母。

在北美的原始森林中曾发生过这样一个故事：一位猎人和一头母狮相遇了。瞬间的对视过后，母狮腾空而起，随着一声巨响坠地，母狮的鲜血染红了草地。猎人很不解，动物通常看到拿枪的猎人会逃走，它为什么扑上来拼命？就在为自己的身手不凡感到骄傲时，奇怪的事发生了，身受重伤的母狮竟站起来了，随即又倒下去了。片刻过后它竟一点点地爬起来了。猎人不解地看着，母狮不停地向前移动，5米……10米……30米……终于母狮倒在草丛中，猎人好奇地赶上前去。他惊呆了：母狮倒在地上，闭上了眼睛，而两只小狮崽正在吃奶。泪水溢满了猎人的双眼，突然他将猎枪砸向巨石，枪断成了两截。

为了自己的孩子免遭不测，勇敢冲向枪口；为了孩子能吃上最后一口奶，母狮爬了近百米。它用最后一滴血述释了母亲的含义。

还有一个故事，也是关于猎人的。两个猎人在森林里追着一群猴子，有一个母猴手里拎着自己的孩子，背上背着别人的孩子。它突围出去爬到树上，猎人追到举起手枪。这时无处可逃的母猴做出一个奇怪的动作，伸出手指指小猴然后开始喂奶。小猴吃几口便不吃了，母猴显得很焦急，犹豫片刻挤出奶放到树叶上，然后又放到小猴能够到的地方。它看了看正专注于它的猎人，痛苦地捂上了脸。那一刻猎人举枪的手放下了。

母爱是无私的，她永远不求儿女的回报；母爱是平凡的，她没有声势浩大的影响；母爱是伟大的，她为了儿女任劳任怨。我们习惯了阳光的照耀，习惯了母爱的滋润。每个人都心安理得地接受了这份爱，可又有谁想到自己应该回应那一份亲情？没有母爱，哪有我们的幸福和快乐可言？对母亲来说，儿女犹如一棵破土而出的萌芽，在她精心的照料下苗壮成长。当我们含糊不清地叫出第一声"妈"的时候，她早已热泪盈眶；当我们第一天背起书包上学的时候，她的心却忐忑不安，恨不得和我们一起去学校；无论严冬酷暑，当我们生病被送往医院时，母亲总是心急如焚地一路陪伴我们，照料我们；当我们在学习上掉队，她是那样的焦急万分；而当我们将一纸烫金奖状送到她手上的时候，我们又可以感受到她的欣慰与自豪。是啊，我们成长中的点点滴滴都已全部融入她的生命之中！她对于所有的付出从未期望得到任何回报。这就是母爱——爱的最高境界。

人生路上，无论你走多远，无论你身在何方，无论你多富有，都离不了母亲。俗话说："儿女是母亲的心头肉。"为了这块心上的肉，她们付出了太多太多。换个角度想一下，人心都是肉长的，母亲给了儿女生命，给了儿女关怀与慈爱，又把儿女养育大，同样是要付出巨大的心血的。伟大的母爱缘于天性，源于自然，不夹一点儿自私，不掺一点儿杂质，不需要任何理由，她是一种纯洁与神圣的爱，犹如直下的瀑布全心倾泻，给予婴儿乳汁，给予孩子激励、安慰、呵护，用全身心乃至整个生命去给予。

父爱如山

母爱温柔细腻，如蒙蒙的春雨；父爱深沉博大，如巍峨的高山。父亲也许不擅长表达爱，但并不代表他不爱你。

马倩觉得爸爸不懂得怎样表达爱，使他们一家人融洽相处的是妈妈。爸爸只是每天上班下班，而妈妈把马倩做过的错事列开清单，然后由爸爸来责骂她。

有一次，马倩偷偷拿了一块糖果，爸爸要她送回去，并向卖糖的道歉，但妈妈却明白她只是个孩子。马倩在运动场荡秋千跌断了腿，在前往医院途中一直抱着她的，是妈妈。爸爸把汽车停在急诊室门口，他们叫他驶开，说那空位是留给紧急车辆停放的。爸爸听了便叫嚷道："你以为这是什么车？旅游车？"在马倩的生日会上，爸爸总是显得有点儿不大相称。他只是忙于吹气球，布置餐桌，做杂务。把插着蜡烛的蛋糕推过来让她吹的，是妈妈。马倩翻阅相册时，同学总是问："你爸爸是什么样子的？"天晓得！他老是忙着替别人拍照。她和妈妈笑容可掬的合照，多得不可胜数。马倩还记得一次妈妈叫爸爸教她骑自行车。她叫爸爸别放手，但他却说是应该放手的时候了。她摔倒之后，妈妈跑过来扶她，爸爸却挥手要妈妈走开。马倩当时生气极了，决心要给他点儿颜色看。于是，她马上再爬上自行车，而且自己骑给他看。

他只是微笑。

马倩上大学时，所有的家信都是妈妈写的。每次她打电话回家，爸爸似乎都想跟她说话，但结果犹豫片刻后总是说："我叫你妈来听。"马倩结婚时，掉眼泪的是妈妈。爸爸只是大声地擤了一下鼻子，便走出房间。她从小到大都听他说："你到哪里去？什么时候回家？自行车有没有气？……不，不准去。"爸爸好像完全不知道怎样表达爱。直到马倩生下第一个孩子为人母后才忽然领悟：原来爸爸早已经表达了爱，而她却一直未能察觉。

如果说母爱如水，那么，父爱是山；如果说母爱是涓涓溪流，那么，父爱就是滚滚流云。父亲的爱，是朴实深沉的，没有华丽的词语，没有亲昵的动作；父亲的爱，是实实在在的，不会直接表达，有时倒觉得是在惩罚。可父爱在我们心中永远是印得最深、时效最长、受益最大的。

舐犊情深，父母之爱，深如大海。因此，无论父母的社会地位、知识水平以及其他素养如何，他们都是我们今生最大的恩人，是值得我们用心去爱的人。然而，亲爱的朋友们，你们是否扪心自问过：我对父母的挂念又有多少呢？你是否留意过父母的生日？民间有谚语："儿生日，娘苦日。"当你和朋友举杯畅饮共同庆祝自己生日的时候，你是否想到过曾经历过巨大的痛苦，让你降生的母亲呢？是否曾真诚地给孕育你生命的母亲一声祝福呢？

我们国家自古尊崇孝道。孔子说："父母之年，不可不知也。一则以喜，一则以惧。"也就是在告诫人们，父母的身体健康，做儿女的应时刻挂念在心。但据报道，上海某中学的抽样调查却显示：有近一半的学生竟不知道自己父母的生日，更谈不上对父母的生日祝福了。朋友们，或许一声祝福对自己算不了什么，但对父母来说，这声祝福却比什么都美好，比山盟海誓都令他们难忘，一句简单的祝福就足以使他们热泪盈眶。

孝，乃为人的根本，一个人只有懂得感恩父母，才能算是一个完整的人。朋友们，让我们学会感恩父母吧！用一颗感恩的心去对待父母，用一颗真诚的心去与父母交流，不要再认为父母就理所当然应该帮我们做任何事情，他们让我们有机会生活在这美丽的世界已经是十分的伟大，且将我们养育成人，不求回报，默默地为我们付出。在无情的岁月面前，他们已经渐渐显现出苍老，逐渐长大成人的我们不应该再一味地索求他们的付出。感恩吧，感谢父母们给予的一点一滴，爱父母吧，给了我们生命却不求回报的人。

第二节　亲情的力量是伟大的

亲情是一个人一生中分量最重的情感，一个人可能没有爱情，没有友情，但绝对不会没有亲情。亲情，就像迷茫中的一块指路牌，为你指引前方的道路；亲情，就像一盏灯，照亮你未来的人生；亲情，就像一杯咖啡，可以温暖你的心灵。

没有亲情的人生不是真正的人生，亲情可以融化任何一座冰山。亲情，犹如一把伞，为你挡阳遮雨；亲情，犹如一把火，给予你温暖……总而言之，亲情的力量是伟大的，亲情的力量是无坚不摧的。

亲情的力量是伟大而坚韧的

亲情围绕在我们每个人的周围，并时常会给人以莫大的快乐与安慰，从出生到长大，我们的一生都是在它的维系下成长起来的。尽管亲情给我们的感觉异常平凡，就像糖溶入水中就会变成糖水那般自然，但如果去细细品尝并回味它，就会感到它是多么甜蜜的东西。

在第二次世界大战中，一位士兵在太平洋的一座荒岛上生活了整整 40 年。是什么力量使他独自在孤岛上生活这么多年呢？毕竟在这 40 年的"原始"生活中，应该很容易遭遇不幸，然而，就是一张照片，使他勇敢地生存了下来。照片上是一个幸存的孤儿。

原来，在一个山村里，仅住着一户人家。他们生活得非常幸福，但是好景不长，在不经意间的一天，下起了骤然大雨，雨水冲垮了他们的房子。正在他们想方设法逃难的时候，泥石流把他们淹没了。为了能够使儿子活下来，父母做了一个伟大的决定，父亲托着母亲，母亲托着儿子，他们终于被人们发现了，那个小孩奇迹般地活了下来，但他的父母却永远地埋在了泥土之中，就这样，他们共同演绎了一幕无比感人的情景。

亲情是一个异常神圣的东西，它就像一幅令人心旷神怡的画卷，当你拥有它的时候，心中会充满幸福与快乐；当你失去它的时候，你的心中将是没有边际的孤独与痛苦。在某些境遇下，亲情是一种既无坚不摧又热烈内敛的力量。

亲情是无价的

在日常的生活中，亲情都蕴含在微小的动作中，但它的意义却异常重大。它会使我们时刻感动，记忆终生。

1999 年，土耳其发生大地震后，各国派至的救援人员不断地搜寻着可能的生还者。两天后，他们在废墟中看到一幅令人难以置信的画面———一位母亲，使劲地用手撑着地，背上顶着重重的石块。当看到救援人员后，她拼命地哭喊道："快点儿救救我的女儿吧，我已经撑了两天，实在撑不下去了……"

她五岁的小女儿，就躺在其用手撑起的那方安全空间里。救援人员不禁为之一愣，他们急忙卖力地挪开周围的石块，渴望这对母女能够在最短的时间里得以解脱。然而，石块那么多，又那么重，他们始终无法快速达到她们的身边。救援人员一边哭着，一边继续挖，辛苦的母亲则用力苦撑着，尽力等待着……

救援行动从白天进行到深夜，最后，一名高大魁梧的救援人员终于把小女孩拉了出来，但孩子已经气绝多时。

母亲急忙关切地问道："我的女儿还活着吗？"

以为自己的女儿还活着，是她苦撑两天唯一的理由与希望。那名救援人员再也抑制不住内心的感情，他放声大哭道："对，你的女儿还活着，我们现在要把她送至医院进行抢救，然后也要把你送过去。"因为他知道，一旦母亲得知女儿已经死去的消息，必定将会失去求生的意志，松开手来让石头压死自己，所以便骗了她。疲惫不堪的母亲露出了笑容，随后，她被救出来并送至医院，她的双手依然僵直得难以弯曲……

第二天，土耳其的许多报纸上都映现出她用手撑地的照片，标题就是《这就是母爱》。

亲情的力量是伟大的，拥有它的人就会有坚韧不屈的品性、开朗乐观的性格与真挚友善的表现。

因此，亲情助长着人类的自信与坚强。多一份亲情，就会使你更加从容不迫，更加容易获得成功，即使从前是艰难的、苦涩的，结果也必定是幸运的。

如果说世上有一种胸襟，能够包容万物，却从不计较他人对自己的伤害有多深；如果说有一种力量，能够悄然无息而又不遗余力地为对方付出自己的全部……那么，它就是亲情。在物理学中原理中，力有大小之分，但即使再大的力，也无法与亲情的力量相提并论，因为亲情的力量是无穷的。

第三节　家是生命随时停泊的港湾

"慈母手中线，游子身上衣。临行密密缝，意恐迟迟归。"不论你身处何境，不论你身居何职，亲情都是你难以割舍的感情。成年人们在亲人的关怀下，生活变得美好而温馨；青少年们在亲人的庇佑下，生命才会充满上进的动力。

人们常说"树高千尺不忘根"，无疑，亲情是支撑生命的原动力。它既能为你创造无穷的乐趣，又能使生活充满温馨的色彩，还能使你的生命充满无尽的希望。多世同堂，骨肉之亲，是令许多人们所推崇与羡慕的亲情关系，并称之为"天伦之乐"。的确如此，只有拥有亲人的支持，生命才能更加充实、更加完整。

家的存在给予生命无限的希望

在一个偏僻的小村庄，有一位年过七旬的孤独老太，在她24岁的时候，丈夫到很远的地方去做生意，一去不返。不知是病死在外，还是被别人招为养老女婿，杳无音讯。在那时，她唯一的儿子仅有3岁。

她独自带着儿子生活了十余年。在儿子19岁的那年，部队从村里征兵，儿子便毫不犹豫地参军了。他走的时候说道："妈妈，我要到外面去寻找爸爸。"

但屋漏偏逢连夜雨，儿子走后又是杳无音讯。有人告诉她，她的儿子在一次战役中战死了。她全然不信，总是暗暗地想，一个大活人怎能说死就死呢？甚至想，儿子不但没有死，反而当军官了，一旦打完仗，天下太平的时候，他就会衣锦还乡的。她还时常想，或许儿子已经结婚了，给她添了一个胖孙子，回来的时候便是合家团圆了。

即使儿子依然毫无音讯，但这些想象给予了她无尽的希望。她是一个小脚女人，不能下地种田，便做绣花的小生意，时常奔走四乡来积累钱财。她要以自己的行动告诉人们，她要挣更多的钱把房子翻盖了，等丈夫与儿子回来的时候入住。

天有不测风云。有一年，她患了重病，尽管医生已经宣判了她"死刑"，但最终她还是奇迹般地活了过来，她自言自语地说："我不能死，如果我死了，儿子回来后到哪里找家呢？"

就这样，她一直坚强地活着，并做着她的绣花生意。她整日盘算着，她的儿子结了婚，有了孙子，她的孙子也该有自己的儿子了。尽管她那布满皱褶的脸上写满着沧桑，但由于抱有希望，她的生命像花朵那般绚烂。但随着年岁的增长，老太太的身体状况愈来愈差，平日都要靠街坊四邻来给她帮忙打理家务。终于有一天，儿子带着自己的老婆回到了家中，他进屋时老太太卧病在床，双目紧闭。听了邻居的叙述后，儿子忍不住潸然泪下，老太太在这时也伴随着儿子的抽泣声慢慢地睁开了双眼，母子二人紧紧地拥抱在一起……

很多人看到这个故事后，都会发出感慨。一个希望，一个在世人看来滑稽可笑的希望，却一直支撑着这位老太太的人生，支持着这样一个脆弱的生命在人世间走过几十个春秋。她之所以能够充满希望地活着，就是由于她的心里装着自己的亲人，是与亲人的相见的愿望给予她生命的信念。

亲情指引前进的道路

对于每个人来说，一旦来到这个世界，就注定会拥有亲情。亲情是剪不断的缘，尽管它平淡如水，总是被我们在不经意间忽略，但在关键的时刻，它总会拉我们一把，指引我们前进的道路，并让我们深切感受到，原来自己在亲人的心中一直都是最重要的。

一场不幸的地震降临，经历一阵混乱与破坏之后，有位父亲把他的妻子安顿好后，便以最快的速度跑到女儿就读的学校，然而，出现在眼前的却是被夷为平地的校园。

望着这令人悲恸的一幕，他不禁想起自己曾对女儿所做的承诺："不论发生什么事情，我都会在你的身边。"面对看起来如此繁多的瓦砾，刹那间，父亲热泪盈眶，他的脑海中依然记着自己对女儿的诺言。

他开始努力回想女儿每天早晨上学时的必经之路，终于记起女儿教室所在的地方，他飞快地跑到那里，尽力在碎瓦砾中搜寻女儿的下落。

当父亲正在卖力地挖掘时，其他学生家长也纷纷赶到现场，他们在纷乱中大声嚷道："我的儿子呀！""我的宝贝女儿！"一些好心的家长试着劝说这位父亲离开现场，并告诉他"还是算了吧""一切都太迟了""即使费力挖掘也是无济于事的"，等等。面对这些劝告，这位父亲只是逐一回答他们："你们愿意帮助我吗？"然后，依然继续他的挖掘工作，想方设法寻找自己的女儿。

不久后，消防队的队长来到这里，也尝试着劝说这位父亲离开，对他说道："余震频发，这里随时可能发生危险，你留在这里简直太危险了，这边的事情我们自然会处理，你还是快点儿回家吧。"而父亲却依然向他问道："你们愿意帮助我吗？"

当警察赶到现场的时候。同样劝说父亲离开。这位父亲仍然回答道："你们愿意帮助我吗？"然而，却没有一个人向他伸出援助之手。

为了找到女儿，父亲独自鼓起勇气，继续进行他的挖掘工作。时间在一分一秒地流逝着，挖掘工作持续了 72 个小时以后，父亲推开了一块大石头，猛然间听到女儿的声音，他喜出望外地尖叫道："阿森！"这时，她听到了回音："爸爸，是你吗？我是阿森。爸，我对其他小朋友说，如果你活着，一定会来救我的；如果我获救了，他们也会获救的。"

"你那边的情形怎么样？"父亲向他问道。"我们这里有 33 个人，其中只有 10 个人活着。爸爸，我们又饥又渴，真的好害怕。教室倒塌时，正好形成一个三角形的洞，我们才能够活到现在。"

"女儿，你快出来吧！"

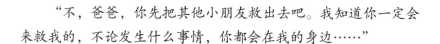

"不，爸爸，你先把其他小朋友救出去吧。我知道你一定会来救我的，不论发生什么事情，你都会在我的身边……"

亲情无价，血浓于水。当你的人生遇到某些特殊的境遇时，亲人的一句承诺便是你生命的支撑点，它会给予你生存的信念和无尽的勇气；在某些境遇下，亲人的鼓舞会为你带来源源不断的动力，亲人的支持会为你带来绵绵不绝的希望。

亲情能够支撑人们的生命，它会使一个生命的垂危的老人，在生命的最后时刻，完成一次超越极限的等待；亲情能够支撑人们的生命，它会使一个弱小的孩童，在生命的紧要关头，拥有无穷无尽的生存勇气……亲情不仅是世界上最宝贵的感情，也是最坚实的靠山，因此，我们应该珍视亲情，以自己的真心来回报身边一直默默无闻关爱自己的亲人们。

第四节　当亲情与爱情发生冲突

人们常说，人活一世情最真。亲情、爱情、友情都是每个人生命中无法用金钱衡量的情感。但友情与爱情是有区别的，通常而言，友情与亲情是不会发生任何冲突的，而爱情与亲情却会时常困扰着人的情感。

当亲情与爱情发生碰撞的时候，一方是为你操劳半生的父母，他们不求回报地为你付出着，每一个做子女的都不忍心伤害他们的心；另一方是你倾心的恋人，你们为对方投入了许许多多的情感，既不想失去对方，又不想给对方任何的伤害，他（她）所受到的点滴痛楚也会同样伤在你的心头。这时，我们应该如何做出取舍呢？

适时变通，亲情与爱情缺一不可

有的人说爱情是最温馨、最宝贵的东西，拥有爱情就拥有了一切；也有的人说亲情是人一生之中最为重要的情感，倘若没有了亲情，那么，一旦遇到风浪，爱情与友情就会随时倒塌。事实上，亲情与爱情都是人生中最重要的东西，它们就像我们身上的眼睛耳朵或手足，失去任何一方，都是不完美的，失去任何一方，都不会正常的运作，都不会感到幸福。毕竟人生没有后悔药，有些东西一旦失去了，就再也不能找寻回来。既然如此，我们就不要舍弃任何一面，把亲情和爱情同时牢牢地握在手中。

思雅是一名重点大学的毕业生，各方面的条件都较为出色。因此，她的父母渴望女儿能够找到一个"门当户对"的伴侣。然而，思雅却不这样想，尽管对方的条件十分重要，但她更注重其人品与感情，毕竟那才是维持夫妻关系的重要条件。她时常暗暗地想：只要双方都有一定的上进心，又何愁得不到"面包"呢？

进入一家外企上班的时候，经过长时间的接触，思雅逐渐喜欢上了同事高峰。他个子不高，但却异常勤奋，且不乏幽默感。高峰也很喜欢思雅，就这样，两个人在很短的时间内确立了恋爱关系。当思雅告诉父母这一切的时候，二老均持反对意见，缘因就是男孩不够优秀，且家庭较为贫困。尽管思雅一味地称赞高峰种种的好，但父母却坚决不同意，他们一致认为：经济基础决定家庭幸福。为此，思雅感到异常无奈，但她依然不愿与高峰分手。由于对女儿尤为失望，母亲便动手打了她。望着如此不通情达理的父母，而自己却又无可奈何，于是思雅委屈地拨通了报警电话。

民警了解具体情况后，得知思雅与高峰对彼此都是一往情深，为了避免父母包办婚姻的悲剧在新社会重演，便从道德与法律的角度对其父母进行劝说教育。最终，思雅的父母被民警说服，同意不再干涉女儿与高峰继续交往，并给高峰一个机会，但对于他

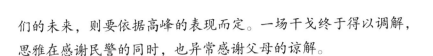

们的未来，则要依据高峰的表现而定。一场干戈终于得以调解，思雅在感谢民警的同时，也异常感谢父母的谅解。

在这个故事里，思雅曾试图劝说父母，但却得不到理解。在伤心委屈的同时并没有负气而逃，坚持自己的信念同时，懂得适时变通，借助外界的力量来说服父母，最终为自己守护了爱情，而且也没有失去亲情。

用真情化解坚冰

在现实的社会中，年轻人与父辈们的感情观念总是有差异的，年轻人较为崇尚"爱情至上"，而父辈们却总是认为"实用为主"。当爱情与亲情出现冲突时，千万不要带着怨恨之气选择爱情忽视亲情，而应以真情赢得父母的理解。

大学毕业之后，小雯被分配至省城工作。几年后，她与在海关工作的大学同学阿辉结为连理。令她想象不到的是，夫妻恩爱的美好时光仅仅持续了一年左右，阿辉便在一次执行公务中英勇牺牲了。

身心俱碎的小雯整日以泪洗面，再也无心在原本熟悉的环境中继续生活下去，便主动要求调至原单位所在乡镇的基层所去工作。在新的工作环境里，同事们对她无微不至的照顾与时光的匆匆流逝使她重新燃起了对美好生活的希望。

这时，憨厚老实的大勇闯入了她的心扉。尽管小雯对新的婚姻既向往又恐惧，但大勇勇敢地向她提出了求婚。

然而，来自双方家庭的阻力太大了，尤其是大勇的父母。他的妈妈对大勇说道："从小学到研究生，我们辛辛苦苦地供你上学，却从未抱怨过，就指望你为我们养老，找个好儿媳为我们当半个女儿送终，你是一个未婚的独生子，怎能与一个寡妇结婚呢？"大勇却笑着对母亲解释道："妈妈，人家可是一个潜力股，你这经常炒股的人还不了解吗？潜力股以后必定上涨……"母亲狠着心掐了他一把，并说道："我让你贫嘴，每次与你说正事你就嘴贫！"小雯也为缓和关系做着努力，总是很贤淑地到大勇家做这做那，还时常买东西哄二老开心，即使他们说一些难听话，小雯也不会放在心上。她总是对大勇的父母说道："我把你们家的宝贝儿子都挖走了，再不哄哄你们，能行吗？"两个人一直像哄小孩那般哄着两位老人。大勇的父母看到这种架势，感慨地说道："唉，算了，难得有小雯这么好的女孩呀，自己的亲闺女再好能对咱们这两个老古董好到哪儿呀？我们还是成全他们吧……"

父母的爱永远都是天下最无私、最伟大的爱，父母不仅给了我们生命，更是会倾尽一生的心血去呵护我们。

对于父母来说，辛苦了大半辈子，无非就是渴望看着儿女有个好归宿。倘若儿女找到的对象并不合他们的意，他们是有权利发脾气的，这一点为人子女的我们必须要理解。故事中的大勇与小雯用其经历向我们证明了：只要献出自己的一份真情，就能化解所有的坚冰。

当爱情与亲情遭遇冲突时，一方是至亲至爱的父母，一方是心心相印的恋人，只要我们能够付出一定的情与爱，父母又何尝不肯为我们的幸福让步呢？真心和大爱是可以让天地都为之感动的，在这个世界上，没有绝对固执的父母。当爱情遭受亲情的威胁时，不要一味地硬碰硬，而应及时采取措施，以解除情感危机。在某些境遇下，可以把父母的反对视为一种必要的提醒，使自己能够更好地正视自己的感情。面对亲情的阻挠，不要放弃爱情；拥有爱情的同时，也不要忽略亲情，唯有两者并存，生活才能幸福，人生才会美满。

第五节　生命有周期，亲情有保质期

在当今快节奏的时代，人们总是为了自己的梦想和未来而奔波着，为了筹划自己的明天而打拼着。然而，很多人却忽视了一件最重要的事情，那就是我们的父母逐渐衰老，他们已感到孤独，感到自己是一个多余的人。

电视上曾经看到过这样一则报道，面对记者的采访，很多成年人都是这样回答的："我对父母很好呀，不仅为他们买了房子，还给他们足够的零用钱……""我很有孝心的，虽然我不会经常回家，但却经常打电话问候他们，在节假日，我总是抽时间回去与他们团聚……"

人们常说"人生在世，情比金坚。"父母真的是只需要金钱和房子吗？当然不是。在他们写满岁月沧桑的内心里，更渴望的是亲情，是为人儿女对他们的关心，是孩子们常回家看看。

多陪陪自己的父母

人的一生中，父母的关爱是最真挚、最无私的，他们的养育之恩是永远也诉说不完的。吮着母亲的乳汁离开襁褓，牵着父亲的手迈开人生的第一步；在甜甜的儿歌声中进入梦乡，在无微不至的关怀中不断成长；我们的任何大灾小病，使父母熬过多少个不眠之夜；读书升学的时候，耗费父母多少心血；成家立业之时，又铺垫着父母多少艰辛……

可以说，为了抚养自己的儿女长大成人，父母付出了自己的所有。因此，我们应该懂得孝敬父母，孝是天经地义的美德。

丽丽不顾父母的反对嫁到很远的地方，并且拥有了一份不错的工作，过上了忙忙碌碌的日子，就这样持续了大半年。在这半年中，她曾向家里寄过一些钱，偶尔打过几个电话。一个不经意间的下午，她有些想家了，便打电话说过几天回家看看，接电话的是她的父亲，他淡淡地"嗯"了一声，仿佛觉得女儿回家是一件不可思议的事情。

在忙碌的生活里，她早已把回家的事情抛至九霄云外，又过了半个多月，时值中秋佳节，她依然犹豫着是否要回家与父母团聚，经过一番斟酌与思考，她毅然踏上了回家的火车。

当她到达村头的时候，老远就看到父亲在门口张望，而母亲兴奋地说道："孩子，你终于回来了！"原本，她打算到厨房帮助母亲做饭，但令她想象不到的是，厨房里竟然放置着许多她喜欢吃的菜。她以开玩笑的口吻向母亲问道："妈妈，你怎么知道我今天回来呀？"母亲转过身来，回答道："你不是说最近要回家吗？于是，我们就天天做一些你爱吃的饭菜，为你准备着。家里还有很多你喜爱的水果，是你爸特意为你买的。他呀，每天闲着没事的时候就会站在门口朝着村头张望。尽管嘴上不说，但我也知道他在盼着你回来呢……"听到母亲的话语，丽丽顿时眼泛泪花，她不敢想象，倘若自己没有回家，父母那副日夜盼望的神情。

整理好自己的情绪，她走到父亲的身旁，并对他说道："爸爸，你是不是埋怨女儿没有时常回来看你呀？""怎么会呢？天下哪有父母埋怨自己儿女的……"父亲通情达理地说道。这时，她把一个削好的苹果递到父亲的手中，轻轻地为他拍打身上的灰尘，一时间，父亲的手有些颤抖，忍着泪的他像孩童一般。父亲笑了，丽丽却哭了。

经历了不惑之年的父母们即将步入天命之年，他们的内心就会像孩子一般脆弱，也就是所谓的"老小孩"。他们需要儿女的关心与照顾，这时，为人儿女的我们可以把自己的主要精力放在学习工作方面，但也不要让父母觉得看到自己的子女是一种奢望。我们可以把父母寄养在敬

老院，但也不要让学习和工作挤压了亲情。

父母住在哪里，哪里就是我们的家，毕竟它是我们永远的驿站，即使我们身处异国他乡，心也永远走不出那个温暖的港湾。况且，父母总是站在家门口，对我们翘首以盼。多陪陪父母吧，以保持这份难以割舍的亲情；多陪陪父母吧，以表达自己的孝心；多陪陪父母吧，以延续这份无止无尽的爱，让温暖在家中永驻。

常回家看看

社会上很多已经成家的人都会有这种情况：成家多年了，尽管与父母生活在同一个城市，但是由于在外奔波而不经常回家。总觉得无论自己走到哪里都是父母的孩子，总认为父母的内心都是无比强大的，回家次数的多少都无所谓。

当自己明白一切的时候，便感到自己的想法大错特错。因此，在回家的时候，不免会产生一种内疚感，像一个做了错事的孩子见到大人那般忐忑不安。在敲门的时候，便猜想二老正在家里做着什么，是否忍受着孤独和冷清的煎熬。进入家门的时候，望着父亲渐渐苍老的脸庞，母亲缕缕花白的头发，心中便会像打翻了五味瓶，不知道是什么滋味。

小赵在北京市的一家大型网络公司上班，他是一个非常孝顺的孩子，但自从结婚后，便很少回到郊区的家中，平时连个问候的电话也很少打。

自从与父母分别后，他已经两年没有回家了，只知道偶尔为父母寄一些生活费。尽管父母经常在电话中要求他抽空回家看看，但他却总是推辞说再过一段时间，就这样，又过了两年。

一个周四的上午，小赵的父亲再次打电话让他回家，他依然称工作太忙，过一段时间就会回去的。

然而，父亲却生气地嚷道："你还要等到什么时候？莫非等到我们进棺材的时候你才肯回来吗？工作忙时你只顾工作，工作不忙时你又照顾你的老婆，心里还有没有爹娘呀？"听到父亲发火的话语，小赵急忙安慰，并称过几天定会回去的。

他以为父母需要生活费却又不好意思开口，便连夜为他们寄了一些钱。殊不知，父母需要的只是儿女的关心而已。半个月后，父母等来的只是儿子寄来的生活费，他们再也不抱希望了，决定主动为自己争取应有的权利，于是，他们便向当地法庭进行起诉，要求儿子对自己进行精神赡养。

经过审判员的一番调解，小赵终于明白了父母爱子的苦心，了解中老年人孤独寂寞的心理，只有儿女经常进行抚慰，他们才会觉得充实。于是，他再三向父母认错，表示以后定会改正。

老两口虽然半信半疑，但毕竟骨肉连心，他们不愿把事情闹大，便就此罢休了。尽管一场风波终于平息了，但在老两口的心中，却留下了难以愈合的伤口。

当今社会的家庭结构日益趋向小型化，子女会由于各种原因而做不到"常回家看看"，在无可奈何的情况下，父母不得不在渴望中等待子女的关心与照顾。事实上，父母并不需要你带什么礼物，只要自己的儿女围在身旁，父母的心里就会感到尤为舒畅；常回家看看，并不需要你花多少金钱，中秋佳节时的一盒月饼，重阳时分的几块糕团，就会使父母的心中充满幸福。常回家看看，并不需要耽误你过长的时间，中午吃饭，傍晚下班，顺便拐个弯、看望一下父母，就会使他们的心中倍感温暖。

自己的儿女年轻有为，父母自然会为之骄傲、为之自豪，但倘若为此而忽略了含辛茹苦养育自己的父母，骄傲与自豪反而会成为你的悲哀。你是否注意过，每当父母与街坊邻居聊起你时，骄傲的眼神里也会忽闪出几分落寞？你是否意识到，每当父母与亲朋好友谈起你时，自豪的目光里也会流露出几分孤寂？因此，为了父母能够安享晚年，尽快献上自己的一份孝心吧，也许是一块祝寿的蛋糕，也许是一桌普通的饭菜，也许是一个问候的电话……

然而，在"孝"的天平上，它们是等值的。对于父母而言，只要子女能够常回家看看，就是对其莫大的精神安慰；只要他们不觉得孤单，就是做儿女的最大的孝顺。

第六节　善待你的兄弟姐妹

俗话说："兄弟同心，其利断金。"一个家庭是否能够幸福、快乐地生活，兄弟姐妹之间的融洽相处，有着举足轻重的地位。倘若兄弟姐妹之间能够互相关心、互相帮助，在有矛盾之时做到不争不吵、互谅互让，就能营造良好的家庭氛围。兄弟姐妹都是父母所生，具有至亲的血缘关系。

俗话说："打虎还要亲兄弟。"也就是说，一方面，兄弟姐妹是骨肉之亲，到关键时刻自然会同心协力；另一方面，兄弟姐妹之间相知最深、相爱最切，彼此之间不难协调合作。兄弟姐妹若能相亲相爱，不仅是孝顺父母的表现，还是家庭生活快乐的源泉。

兄弟姐妹要相亲相爱

传说兄弟姐妹乃是天上的恒星，在偌大的天城里，仅有孤独的夜。完美的景致是一种冷清的、孤立的美。

在美丽的景致下，那座城突兀地耸立着，磅礴的气势犹如苍茫之概。在如此之多的星星中，兄弟姐妹并不是最耀眼的星星，而是最平凡的恒星，尽管它们各有各的缺陷，但依然不失一种另类壮观的美丽。未来将会怎样，他们谁也没有办法猜测，而是担忧着世界的变幻莫测，想象着在自己的能力之下所能为世界承担的微薄之力。

如果他们能够拥有神圣的力量，如果上帝把无限的权限赐予他们，那么，护卫整个世界将不在话下。然而，这些也仅仅只是如果，没有如果的时候，他们仅能依靠想象，想象自己的拥有。

终于，兄弟姐妹领略到了最隐蔽的力量，包容并理解着一切缺陷。在他的心底，萌发出一种愿望，那种愿望就是包容的爱。在凛冽萧瑟的气态之下，他在心底默默地幻想着不同的城，并称那座城为爱城。

弟妹们感受到兄长所传出的力量，感受到他的良苦用心，他们均不愿意继续隐匿温暖。在那个夜晚，兄弟姐妹手牵着手、心连着心，经过了一场前所未有的战斗。紧接着，万物在世间闪亮起来，仿佛想要照亮整个世界。

能量也发挥出其不可预测的作用，抵制了强大而又不可想象的灾难。从此以后，便流传出关于爱城的神话。

虽然这只是一个故事，但却形象地揭示出，兄弟姐妹之间的爱是可以迸发的力量。

珍惜兄弟姐妹之间的情谊

"兄弟同心，其利断金。"这句话也道出了兄弟姐妹之间互相友爱的重要性。对于一个家庭而言，兄弟姐妹之间若能做到相互谦让、互敬互爱，就能共同营造温馨和谐的氛围。

从我们呱呱坠地的那一刻起，直至生命结束之时，兄弟姐妹这种关系一旦确立，不论是唯物主义者，还是唯心主义者，都不能脱离这种感情，因此，我们应该珍惜并维持这份真挚的情谊。

古时候，两兄弟有彼此为邻的田地，一个尚未娶妻，一个已经结婚。一个星光璀璨的夜晚，单身的弟弟自言自语道："我们平分父亲所留下来的家族农田很不公平，毕竟，自己是单身，所需要的粮食不多，而哥哥却有妻有子。"因此，趁着哥哥嫂嫂睡着的时候，他悄悄地从自己的仓库里拿出一袋粮食，放到对面哥哥的仓库里。

多年后，两兄弟都为他们从未变少的粮食深感困惑。直至一天夜里，他们在黑夜中撞到一起，各自背着一袋谷子，才恍然大悟。于是，他们扔下谷袋，情不自禁地相拥在一起……

"兄弟如手足"形象逼真地道出了兄弟姐妹之间的情谊，尽管父母不能陪同你生活一辈子，但你却可以与自己的兄弟姐妹相伴一世。

手足之情既不需要豪壮的语言，也不需要华丽的语句，一个眼神、一丝微笑均能将它体现得淋漓尽致。当你拥有哥哥姐姐或弟弟妹妹的时候，好好地对待他们吧，在你们不断相处的过程中，你将体会到亲情的可贵。

所以说，兄弟姐妹之间应该彼此爱护、相互谦让、和睦共处、互相帮助，不要事事计较，寸步不让，珍惜彼此之间的难得情谊。

第 3 章

友情是滋养生命的雨露——友情与生命

与无私的亲情和忠贞的爱情相比,友情是生命中最有
价值的精神财富,因为一个共同的梦想,或是同样的兴趣,
两个陌生的人走到了一起,并开始了一段患难与共的旅程。
人生需要友情,多结交一些真心的朋友,不仅能增长自己
的才智,还能愉悦自己的生活,丰富自己的阅历。

第一节　友情让生命之船扬帆起航

与无私的亲情和忠贞的爱情相比，友情是生命中最有价值的精神财富，因为一个共同的梦想，或是同样的兴趣，两个陌生的人走到了一起，并开始了一段患难与共的旅程。人生需要友情，多结交一些真心的朋友，不仅能增长自己的才智，还能愉悦自己的生活，丰富自己的阅历。

没有朋友的人是可悲的，因为快乐没有人一起分享，险途也没有人可以一同面对。友情因为真诚而变得耀眼，更因为互助互爱、相互扶持而变得深厚。人生的旅途中总是会遇到各种各样的困难险阻，当挟带着暴风雨的人生严冬来临的时候，那个可以为你雪中送炭的人便是"有福同享、有难同当"的真朋友。

人生难得一知己

人生是一种经历，只有真正承受过风雨打击的人才能懂得真正的幸福。友情是人生的一个组成部分，当我们正在屋檐下苦苦支撑那因为人生各种暴风雨的打击而濒临倒塌的房屋时，如果平日里称兄道弟的朋友走过身边却没有伸出援手，我们对友情的信任也会随着他的离开而变得支离破碎。

古人常说"人生能得一知己足矣。"一个人一生中可以真正在危难时刻帮助你的朋友不会超过三个，也许你会对这句话感到很费解，但是，看了下面这个故事相信你一定会更加了解其中的意义。

小海平日里朋友无数，孤独寂寞时，打一个电话，朋友立即会开着车呼啸而来。一起 K 歌，一起喝酒，互诉衷肠，在小海的心中，那就是友情。

小海从来没有想过自己也会沦入如此不堪的境地之中，股市在一夜之间崩盘，公司的资金周转顿时变得困难起来。向律师询问贷款的事情，对方声称，既然是借款就必须要有抵押，要么房产要么汽车。小海自信满满，他的朋友何止一二，他们无一不是拥有房产几处、汽车数辆，找一抵押者有何难处！

当律师将打印的借款协议与抵押协议的文件交给小海时，小海便决定向朋友们打借款电话。谁知当小海拨通电话之后，对方无一不是听到说借款的事情就推脱几日之后的。小海以为他们的手头都比较紧，等待几日又有何妨？几日之后，朋友的电话中却无一例外地传出机械的女声："您拨叫的用户现在不在服务区，请稍后再拨……"在一遍遍重复中，小海断了最后的想法。

在生意跌入低谷之后，小海的友情也迎来了冬季。世态炎凉、人情淡薄，小海从这一刻才深深明白。看着丈夫坐卧不安的样子，妻子在背地里暗抹泪水。最后，她交给了小海 30 万的现款，小海问她钱从何来，她说自己的父母将房子卖给了别人……

很难想象小海渡过危机之后再面对那些朋友时的态度，小海当时的困境只是需要他们出一把力，而他们的冷漠让小海看到了这些平日的兄弟虚伪的一面。交往还在继续，只是少了从前的那种真挚和感动。

朋友是一生的财富

朋友到底是什么？是值得依附与寄托感情的依靠？还是排遣空虚与寂寞时光的陪伴者？抑或是倾诉失意与难过时的对象？或者用来发泄不满情绪的情感树洞？这些都不是真正的朋友，朋友是在困境时可以伸出双手来帮助你的那个人，是在风雨中为你撑伞的那个人。朋友带来的不仅仅是那温暖我们的点点火光，更是可供依赖的信任。

朋友存在的意义到底是什么？从古至今，有无数人都在追寻这一答案，友情是"人之相知，贵在知心"的快乐；友情是"士为知己者死"的奋不顾身；友情更是"欲取鸣琴弹，恨不知音赏"的欣慰。而最牢不可破的友情无疑是那种在一起经历过很多患难、难以用语言来描述的真挚感情，就像纪伯伦所说的那样："与你一同笑过的人，你可能会把他遗忘；但是与你一同哭泣过的人，你将永远铭记。"

作为电影票房的保障，美国好莱坞曾创造过无数感人至深的故事，有关亲情的，有关爱情的，也有关乎友情的。《夏洛克的网》便是一个关于友情与承诺的故事，这部电影讲述了在朱克曼的谷仓里，快乐地生活着一群动物。两个主人公小猪威尔伯和蜘蛛夏洛克更是有着深厚的友谊。但是，谷仓里的快乐和宁静却被一个消息打破了，威尔伯即将会被做成熏肉火腿供人享用。作为一只小猪，悲痛绝望的威尔伯似乎只能接受任人宰割的命运。然而这时看似渺小的蜘蛛夏洛克却说可以拯救威尔伯。这不得不让人不佩服夏洛克的机智，它用自己的丝在猪栏上织出了被人类视为奇迹的网上文字，因此逆转了威尔伯的命运，并且还让它在集市的大赛中赢得了特别奖，获得了一个安享天年的未来。但这时蜘蛛夏洛克的生命却也走到了尽头。看着为自己牺牲生命的好朋友，小猪威尔伯能为它做的就是把它的540个卵带回谷仓……

这两个小动物的故事让人感动。很多时候，人总是认为自己很伟大，立于食物链的顶层。但往往站在顶端却遗忘了很多美好的东西，譬如亲情、友情等等，更丑恶的甚至利用他人的友情和亲情。

电影的作者正是以两个微小的在人类面前无足挂齿的动物之间深厚的友谊来告诉世人，友谊不分国界，种族和地域，友谊讲究的是双方有没有真心为对方尽力付出。朋友之间互相帮助，为了对方，愿意奉献出自己的最大力量，这才是真正的友谊。

整部电影虽然都是以童话来表现的，却引发了我们对现实生活中的交友的思索：如此纯真而又感人的朋友之情，为了使朋友可以逃离危险而付出自己全部的真情，为了兑现自己的承诺而将自己的生命置之度外的真情，是否也存在于我们的身边呢？

以前，中世纪意大利城市中的贵族认为，朋友是一种需要时刻去帮助的对象，不论是婚丧嫁娶还是生死存亡，朋友都是与自己荣辱与共的那部分人。而在关键时刻放弃朋友，置朋友于危险之中而不顾的人会受到主流社会的遗弃与鄙视。而在现代社会中，人们所面临的各种风险也在随着经济的飞速发展而呈现出放大化的趋势，做到对朋友不离不弃，伸手帮助落难的朋友更应该是现代人所应该做到的事情。而对于那些在自己最需要的时候可援助自己的人，我们更应该牢记在心，因为这些人往往才是人生最珍贵的财富。

意大利文艺复兴运动的杰出代表薄伽丘曾经说过："友谊是慷慨、荣誉的最贤惠的母亲，是感激和仁慈的姐妹，是憎恨和贪婪的死敌；它时时刻刻都准备舍己为人，而且完全出于自愿不用他人恳求。"能够在自己落入危险之中伸手援助自己的朋友便是可以相携走过一生的好兄弟。当我们将那些可供患难的朋友化为自己生命的一部分，并以爱的方式将这种"共患难"一起传承下去时，友情自然会升华出一种别样的美丽。

第二节　朋友与敌人之间的分界线

"没有永远的敌人与朋友，只有永远的利益。"英国首相丘吉尔在"铁幕演说"中的一句经典语言成了无数国家在进行外交时所奉行的外交策略，更成了现实生活中人们用来衡量对手与自己时的一种最有利的说法。瑞典著名戏剧家斯特林堡曾经说过："友谊往往是由一种两个人比一个人更容易实现的共同利益结成的，只有在相互满足时这种关系才是纯洁的。"这个观点也间接告诉人们：朋友还是敌人，往往取决于两者之间是否存在着共同的利益。

利益是朋友之间一直存在的要素

不管最终是敌是友，其关键都在于共同利益是否一致，当两个人有着共同的利益追求时，便会成为朋友；当两者的利益相悖时，便很容易会成为对手或陌生人。这是被当今社会中的人们所公认的人际关系交往准则，利益的存在已经不仅仅是生存的必要了，而且被广泛应用于人际交往之中，而共同的兴趣与爱好便是决定两者关系的关键所在。

思雨这天整理房间，竟然找出了许久未见过的影集，翻开影集之后，发现是自己在上小学时与一些朋友的照片。这些照片勾起了思雨的无数回忆，特别是当她看到了小学同学文丽的相片之后，她对人生变化也有了新的认识。

小学的时候思雨与文丽的关系非常好，两个人总是在一起玩，上中学时因为两人的学校不在一起了，也就不太经常见面了。但是有空了两人还是会聚在一起去外面逛街，并说一些女孩子之间的悄悄话。后来高中了，两个人的学习都忙了起来，联系就没有像从前那样多了。但是思雨还将她当成自己最好的朋友，经常托人带些小礼物给她。而文丽也总是会回赠给思雨一些小东西，有时候还会写上一封信。

这样的情景只是持续到了高中，之后，思雨就考上了大学，到了外地。三年之间文丽并没有再像从前那样写信给自己，有时候思雨打电话到她家找她说话，她的母亲总是会说文丽不在。在毕业回家之后，思雨第一个去见的朋友就是文丽。两人见面之后，文丽并没有像思雨想象中那般开心，只是应付似的在一起吃了顿饭，之后，两个人便各自回家了。后来文丽结婚了，思雨还买了非常贵重的毛毯送给她。

思雨非常怀念两个人过去的情谊，并且总感觉岁月不会改变什么。但是对方的态度打破了思雨的这种幻想，文丽对她并没有什么特别亲近的感觉。从其他的朋友口中，思雨得知，由于两个人的生长背景不一样，文丽的学历也只是维持在了高中，所以文丽总感觉自己与思雨对很多事物的看法都有所不同，感觉没有什么共同的语言，才逐渐地疏远了思雨。而思雨却依然单纯地停留在过去的时光里面，认为两人的感情没有变化。

现在再看到文丽与自己儿时在一起玩耍的亲密相片，思雨心里升起了一种感叹：她是否也会偶尔想起我呢，我们之间的友情就这样淡化了吗？

一个人在成长的过程中，由于社会生存环境与人生价值观的变化，人的思想也是无时无刻不在变化的。

朋友之间，没有了同样的爱好与兴趣作为两人交往的基础，便很容易会陷入交往误区，这样的友情也不会持续太久。当曾经的朋友渐渐远离自己的时候，当事人一定要学会坦然地接受这种变化，将这份感情当作是人生中必须经过的一个过程与插曲，以从容的心态来面对，千万不要因为过分强求而为自己留下失落与痛苦。

要学会化敌为友

在社会的角逐场上，没有人可以时时处处都成为赢家，而这个时代人们追求的是利益双赢与多赢，不管是生活中的对手还是职场上的敌手，想要将其彻底打败，让对方屈服自己，从而达到两者和解、共同追求相同利益的目的时，最有效的做法就是将其变为自己的朋友，这才是最完美的战胜对手的方法。

美国著名的思想家、科学家富兰克林在年轻的时候决心要依靠自己的力量做一番大事业。他把多年的积蓄都投资在了一家小型的印刷厂中，而且非常希望可以将业务范围扩大，而最好的方法莫过于将议会所需要的文件印刷工作接手下来。

富兰克林为了获得为议会印刷文件的工作，便去求助于当时的议会组织。但是这一过程中，出现了一个对他非常不利的情况：议会里面有一个非常有钱而且又很能干、前途无可限量的议员，他非常不喜欢富兰克林，而且还公开地表达了这种不喜欢。

这种情况对于富兰克林的工厂发展非常不利，而且还会影响到他在本州内立足。富兰克林明白，如果两者的关系继续这样下去，只会使自己陷入困境之中。因此他决心让对方喜欢自己。

那位议员的图书馆中珍藏着一本非常珍贵而又奇特的书籍，很少有人观看过。富兰克林便打算从这件事情入手。

他主动地写了一封信给对方，以非常恭敬而又不失自尊的语言向对方表示，他很喜欢那本书，极欲一睹为快，请求对方将那本书借给自己，好让他有机会仔细地进行阅读，几天之后便会将书籍送还。信中还对议员的工作表示了支持，并声称自己日后会尽力协助议员的所有工作。

富兰克林周围的朋友都劝说他不要将这封信送出去，并预测他将会因为这封信承受更大的耻辱。但事情的结果出乎所有人的意料：议员不仅马上派自己的仆人将书送到了富兰克林的家中，而且回信说，富兰克林可以根据自己阅读的时间来决定归还时间。大约一个星期之后，富兰克林将书还给了对方，并在上面附了一封信，强烈地表达了自己对他的敬意与谢意。

两人之间的交往坚冰由此打破，而且在日后富兰克林的发展中，议员提供了不少的帮助，而议员自己也从富兰克林的身上获得了真挚的友谊。

共同的利益是人与人交往时的重点，当身边的敌人是自己现在的力量所无法战胜的对象时，不如学习一下哲人富兰克林的做法，转变一下思维，化敌为友，使两人的利益从对立面转化为共同面，从而使自己日后的人生之路少一份阻碍之力，多一份协助之力。

世界上一切的物质都是发展变化的，人与人之间的关系也是如此，朋友有可能会因为岁月的消逝造成共同的爱好与兴趣不再相同而变为陌路人，敌人也有可能会因为两者之间存在共同的利益而转化为朋友。人际交流的秘密只有一个，那就是利益，而懂得运用其中奥秘的，总是那些会将无法战胜的敌人尽量变为朋友，并果断放弃那些无法再重新成为朋友的人。

第三节　雪中送炭的才是真朋友

战国时期，秦国有一年冬天的大雪突然比往年都来得早些。当时的秦国统治者秦穆公在皇宫之内点上了炉火，穿上了制作精良的皮棉衣，依然感觉到寒冷入骨。他想了一会儿，便下令让侍卫给全国的贫苦百姓送去了取暖的煤火。这便是"雪中送炭"的由来。当我们深陷寒冬时，如果周围的朋友正在温暖的火炉边取暖，谁会想到我们的寒冷呢？朋友众多，只有那个雪中送炭的人才是真正可以和自己肝胆相照的伙伴。

留神身边落井下石的朋友

仔细总结一下平日里交往密切的朋友，不外乎两种情况，一种为深知，一种为容忍。人们常说，物以类聚，人以群分。朋友不仅是一种可以随着时间发生变化的关系，更是一种难以让人们真实确定下来的关系，有时候，伤害自己最深的往往是朋友。在发现了伤害自己的人是平日里最亲近的人之后，人们受的伤会更深，进而发出感叹：人生漫长，真朋友难觅。

华宇与小丽是从小到大的好朋友，从幼稚园开始两人就在同一所学校，华宇的家离小丽的家不到 100 米，两人几乎每天都形影不离地待在一起。华宇把小丽当成自己最知心的朋友，不管有了什么心事都会如实地向她倾诉，而小丽也表现得像个真心的朋友一样，总是对伤心的华宇予以安慰。

大学毕业之后，两人便因工作的原因分开了，华宇由于机缘巧合，进了一家工资待遇与工作环境都非常好的公司。小丽工作的地点不仅离家很远，而且待遇也非常不好，她经常向华宇说自己非常羡慕她。华宇也很想帮助好朋友，便时时留心公司里的招聘信息，终于在今年等到一个难得的机会，华宇将小丽介绍到了公司做文员。华宇非常开心，终于又可以与好朋友朝夕相处了。

由于华宇的工作能力很强，所以上司总是将某些重要的事务交给她处理。人都有犯错的时候，华宇有次将公司的一项重要的业务给搞砸了，虽然上司没有说什么，但是不满之意溢于言表，华宇的心里非常不好过。而小丽这时候却与公司里另外的几个女孩子玩了起来，不理会华宇的伤心。就在这段时间里，华宇竟然听到了不少关于自己的私事，甚至连大学时期自己追求男孩被拒绝的事情都有人在到处传说，有时候某些多事的女人还会对华宇指指点点。华宇这一时期正为了工作而烦心，遇到了这种事更是烦上加烦。

她稍微留了一下心，便打听到了自己负面消息的来源，让她吃惊的是这些事情竟然都是自己最好的朋友小丽透露出来的。华宇不禁伤心了起来，我们一直是那么好的朋友，她为什么要这样对我呢？但是当她试着接近小丽的时候，她还是像从前一样与她无话不谈。华宇这时候开始感觉到了人心巨测：连一起长大的朋友都可以表面一套、背地里一套，对自己落井下石，其他人又怎么能相信呢？她对人际交往感觉到了深深的失望。

友情原本应该是一种心与心的沟通与交流，是人世间最美好的感情之一，但是当平日里对自己关心备至的朋友变成了对自己恶意中伤、落井下石的人时，这份美好与纯洁的感情便会变了味道，让人再也无法感觉到友谊的美好。当再次需要面对这样的朋友时，我们的心中也不禁会有一丝丝的心痛在里面：朋友数千，谁是落井下石者，谁又是雪中送炭者？

雪中送炭才是真朋友

"桃李不言，下自成蹊。"桃李不会说话，从不自我宣传，但是到桃李树下来的人却经常不断，树下的野地也会自然地被踏出一条路来，这是因为桃李是实实在在地开出了美丽的花，结出了香甜的果，在为人们默默地服务，所以用不着吹嘘，人们自会欢迎它们。一封信、一句话、一个短信、一声问候，其中不知凝聚了朋友的多少情怀，传递过来之后，又会带给我们万千的感动。当友谊升华到最高境界的时候，便会像一杯淡茶、一条浅溪、一缕微风，没有利益的纷争存在，只让人感觉得到温暖与关怀。而那些温暖会像高山流水与春风化雨一般，时刻滋润着我们的心田。而那些在我们深陷困境之后向我们伸出援助之手的朋友，更是会让我们感受到人间的真情。

李明是一个非常浪漫的人，手机中存着各种各样甜言蜜语的短信。当手机存储空间不够的时候，他便会挑一些时间太久、已无新意的短信删掉。但是一直以来，他都没有删掉过那一条短信。那是一条与甜言蜜语毫无关联、不明前因后果甚至让人感觉有些莫名其妙的话语："缺钱了吗？晚上下班之后我去给你送点儿，五千够吗？"而这条短信从收到距离现在已经有五年多的时间了。

疾病总是在人们最大意的时候搞偷袭。四年前，他在毫无防备的情况下被诊断出患了肿瘤，如果不及时手术有可能会转化为恶性肿瘤，必须马上动手术。他只好停下了手头的一切工作，办好住院手续准备进行手术。那时的他刚刚交上了一年的房租，再加上住院压力与各种治疗费用，立即变得捉襟见肘。但是一贯喜欢用骄傲的姿态来面对别人的他从来不向朋友诉苦，也不愿意放下架子去求别人借钱给自己。

没过多长时间，身上的钱就用得差不多了，一个平日里交往一般的朋友来看他："缺钱吗？"自从生病以来，他听多了这种客气话，便按从前的回答说道："还行，不用担心。"但是没有过几天，他突然又收到了这个朋友的短信："缺钱了吗？晚上下班之后我去给你送点，五千够吗？"他的眼泪立即流了下来："朋友是真心想帮助我，患难之交也不过如此了吧？"晚上朋友将钱送来，并一再嘱咐他好好养病，再缺钱了就说话，自己那里还有。

当朋友走了之后，他看着手中的钱，心里的感动无法用言语表达。

生活中不乏这样的朋友，在我们陷入危机的时候，他们会搀扶着我们走出困境，当我们失意、无处倾诉时，他们总是会坚定地站在我们身边，用同样柔弱的肩膀与我们一起承担痛苦，哪怕他们一无所有，却依然将最后的温暖与我们一起分享。当他们燃起那仅有的火花来安慰我们时，我们怎能不为之感动？

所以说，真正的朋友不一定是锦上添花的那个人，但一定是雪中送炭的那个人。漫漫人生之路，我们每个人都不能缺少朋友的关爱与搀扶，而真正的朋友不会对我们落井下石，更不会因为一言不合就与我们反目成仇。只会在困难时雪中送炭，他们只会默默地付出，让我们在人生最寒冷的时刻感觉到人间还有温暖。在凛冽的风雪中还不忘记为我们送炭的朋友才是真正的君子之交。

第四节　有友情的冬天不再寒冷

事无常态，所以才会有了"识透人情寒透心，看破世事惊破胆"的感慨。但是对于拥有友情的人来说，即便是在冰封万物的冬季，友谊之花仍然会迎着寒风绽放，不会被冻结。因为友情是个恒等式，当处于等式两边的人们都付出了纯洁而无私的感情时，世间寒冷便会被这种相互的温暖驱赶开，并由此生出彼此疼惜的真挚情感。友情，永远不会因为人生冬季的到来而结成冰块。

友情不会因季节而结冰

漫步在人生的道路上，我们会历经无数的事情，结识无数的人，而人与人之间的交往过程便是彼此从陌生成为朋友的过程。抓住那些让彼此感动的瞬间，才会使我们的人生冬日可以被友谊之光所照耀。如果没有了朋友的温暖，漫长的冬日会日益摧毁我们原本就脆弱的意志，夺走我们面对生活的所有勇气。

听到阿文轻易地放弃生命时，郝强似乎早已预感到了她会走到这一步——一个不愿意接纳别人成为朋友的人，是不会感觉到人际交往给自己带来的温暖的。

在与阿文一起做搭档时，郝强才知道她有多么的孤独。当工作做到一半的时候，郝强忍不住面对枯燥的文件说了一句："我感觉我们好可怜啊！"郝强的本意只是在哀叹工作带来的压力，但阿文却说了一句："我天天都这么可怜。"她淡定的语气让郝强感到惊奇，这样的习以为常是怎样形成的呢？

从那以后，郝强开始留心这个奇怪的女孩：她平日里独来独来，十分清高。当别人向她伸出了橄榄枝时，她傲慢的态度还会使人有一种她在故作清高的感觉。人们远离与他们不同的人，也拒绝这种人加入他们，而阿文就是这种不同的人，她亲手关上了那扇与他人成为朋友的门。

当单位的领导决定要将成员分组进行合理分工时，领导让阿文去跟她的朋友们一个组，旁边有个女孩明明已经叫了她的名字，她却说："我没有朋友。"这让那个女孩顿时陷入尴尬之中，而阿文面对这种由她一手造成的尴尬却觉得理所当然。

之后，阿文在单位的日子更不好过了。郝强不知道她的私生活是怎样的，但她知道，一个如此孤僻的人，生活一定如同陷入严冬一样，毫无趣味与温暖可言。

听同事们说，阿文患上了癌症，大家除了为之叹息，并没有做太多事情，朋友是需要回应的，阿文将任何人对她的好意都视为粪土，谁还愿意去碰那种硬钉子？之后的事情大家都知道了：她从二十层楼高的屋顶跳下来，结束了自己年仅二十六岁的生命。

郝强震惊，更痛心。一个没有朋友的人，如何有能力去独自走过人生中的寒冬？

人生在世，可以不富有，可以无权力，但却不能没有朋友。没有朋友的人生是残缺不全的人生，这样的人生必定充满着孤独与寒冷。试想一下，有心事无人可诉、有梦想无人支持、有成就无人分享快乐的人生与严冬时节没有阳光有何区别？没有了友情的温暖，就算身处艳阳高照的繁华闹市还是会感觉到入骨的寒冷。

朋友会为你挡风遮雨

朋友之间少不了彼此间的帮助。当人生冬日来临的时候，朋友便是那个可以为你挡风遮雨的对象，他为你分担忧愁，帮你远离痛苦，助你解决困难，朋友时刻准备着为你伸出友谊之手帮你度过严寒。

三年前，因为操作上的失误，阿明苦心经营的公司破产了。一夜之间，他失去了房子、车子，成了一个一文不名的穷光蛋，还欠下了一大堆的债务，经常会被别人跟在后面讨要欠款。有家不能归的他只好决定到外地的一个朋友家去躲一阵子。

他与朋友从小一起长大，关系比亲兄弟还深厚。记得小时候，有一次他的腿在球场上摔断了，酷夏时节是朋友背着他一路跑到了医院，朋友满头大汗的样子直到今天还在他的脑海里。

但是多年未见，人心易变，朋友还是当年的那个朋友吗？已婚的朋友的妻子是一个非常娇气的女人，她会不会对落魄的自己心存不满呢？抱着破釜沉舟的想法，他拨通了朋友的电话，电话那头传来了朋友粗犷的声音，他告诉了朋友自己的处境与地点。电话那头只传来三个字："等着我。"

朋友开着车在 20 分钟之后赶了过来，一脸的生气："还拿不拿我当朋友了？这么大的事连说都没对我说！"他低着头，连话也不想说，心中只是存着感动。过惯了被人追债的日子之后，再遇到一个能这样待自己的朋友，简直就像做梦一般。

朋友将阿明拉到车上，一边开车一边数落着他的过错："出了事也不告诉我，你装什么装？咱俩什么关系，你还给我来这套！我真是不知道怎么说你好！"他字字听在心中，眼里泛起一层水雾。

到了朋友家中，那个娇气的女人不但没有嫌弃自己，反而早就准备好了明亮而又宽敞的房间，并做了可口的饭菜。还千叮咛万嘱咐他不要客气，就把这里当成自己的家。他洗了澡，换了朋友的衣服，美美地睡了破产以来的第一个完整觉。

在朋友的担保之下，他鼓起勇气，重新向银行借了一笔款，并抓住机遇，东山再起，不仅还清了所有的欠款，还拥有了丰厚资产。虽然现在围绕在自己身边的朋友越来越多，但他却从来没有忘记过帮助过自己的朋友。他知道，要不是对方，也许自己现在早就成了人人看不起的落魄者。

真正的朋友是你在登高时的一把手扶梯，助你离梦想更近一步；是你受伤时的一剂良药，帮助你治愈伤口；是你口渴时的一杯开水，帮你消解那难捱的感受；更是大雪纷飞的冬日里那些衣物，帮你赶走寒冷。真正的朋友永远不会因为你深陷严冬便离你而去，他们只会默默地温暖你，让你感受到，世间还有这样一份温暖。

生命的过程是一场有朋友同行的旅途，在这段旅程中，我们成长、我们经历、我们潇洒、我们成熟，一路走过之后，我们便会由衷地感谢那些在人生中陪伴过我们的朋友，特别是那些在严冬时节中为我们披上衣物御寒的朋友。有关于友情的记忆碎片，会让我们感慨生活是如此的美好，友情是这样的温暖温馨，才会使我们有勇气迈过那冬日的风雪，去迎接明日的晴朗。

第五节　当友情与爱情狭路相逢

冰心在赠葛洛的文中说过这样一段话："爱在左，情在右，走在生命的两旁。随时播种、随时开花，将人生过程点缀得花香弥漫，使穿枝拂叶的行人踏着荆棘不觉痛苦，有泪可流，却不是悲哀。"爱情与友情会让我们平凡无奇的生命变得绚丽多彩，让我们无论在阳光下还是风雨中都可以感受到一种感动。但是当友情与爱情发生了冲突时，我们到底是应该放弃友情去拥有甜蜜的爱情，还是应该放弃爱情去保持友情的纯洁？这对于没有能力去分辨情感的人来说，永远是一个艰难的抉择。

正确面对爱情和友情

在现实生活中，爱情经常会随着友情的深入而慢慢发展起来，很多少男少女正是因为有了友情作为基底最终才走向婚姻的殿堂，但是他们最初的交往目的绝对不是仅仅为了爱情。当感情的波澜突然袭来的时候，到底是应该承诺天长地久还是眼看着爱情悄悄溜走不去挽留，是困惑所有正处于爱情与友情边缘地带男女的问题。

男孩在 15 岁的时候搬到了女孩家的旁边，两人成了邻居，经常一起上下学，一起写作业。整个初中与高中两人都是这样度过的，每当漫长的假期来临时，两人便在一起打牌，女孩输了之后就会哭，男孩便会故意输给她好逗她笑。两人纯洁的友谊一直持续了好些年，他们会在冬日寒冷的早晨携手到学校，并会把从家里带来的好吃的分给对方。

在男孩20岁那年，他经历了人生第一次大的失败：高考落榜。父母劝其再复读，男孩却决定参军。穿上了军装的男孩格外俊朗，而女孩却只感觉到了将要分离的难过，她没有去送男孩，任凭父母再怎样劝说，她也只是躲到屋子里面哭泣。

男孩走后，女孩的家中发生了很多变故，首当其冲的便是父亲的去世，家中失去了顶梁柱，女孩只好辍学回家。

男孩从部队回家探亲，再次看到女孩时，她已经出落成了一个漂亮的大姑娘。面对美丽的女孩，男孩变得拘谨起来。虽然还是一样的亲近，但却多了几分异样；而女孩则会在穿着军装的男孩面前无故地脸红起来。当两人再次一起出门的时候，街上便会有邻居开着善意的玩笑："小两口又出来啦！"听到这样的说笑声，两人总是会在心里不自觉地感觉到一阵慌乱。

男孩回部队之前，母亲找他谈了一次话："女孩不小了，却总是不想找对象，家里给她说了无数条件很好的人家，但她总是连见都不见就拒绝了，她是不是在想着你？"男孩心里打了个恍惚，他还从来没有想过要怎样去面对平日里那个可爱的小女孩突然长成了漂亮的大姑娘所带来的冲击，突然就要去想是不是要接受她成为自己的恋人，他有些不知所措。

男孩走之前，女孩去送了他。两人站在站台上都不知道说什么。女孩将买来的食品递给男孩，告诉他下次等他回来。面对这样的承诺，男孩不知道该如何应答。他不明白：虽然自己也喜欢女孩，但这到底是因为友情还是因为爱情？而自己面对女孩的等待，是该回绝还是应该接受？

男女之间的交往存在一定的限度，如果不遵循这个度的话，就会不经意间模糊了友情与爱情的边缘。当友情在心底泛起了感情的波澜时，双方都应该进行深思：这到底是爱情还是友情？只有在想清楚之后再回答，不轻易承诺，才会使两人都不受伤。因为当一方陷入爱情之后再发

现这不是爱情的话，两人原有的感情便会变质，进而伤害到对方。

分清爱情和友情

友情追求的是两人间地位平等，而爱情追求的是二人世界唯我存在。友情与爱情之间有着本质的差别，当你困惑于无法区别友情与爱情的真正差别时，不妨读一下这个故事。

一男一女感情很好，两人非常融洽。

"你们是爱人！"旁观者如此评说。

"是吗？我们是爱人吗？"他们问别人，同时也在审问着自己。

由于自身无法弄清两人到底是否在相爱，还是仍然处于朋友的阶段，他们便去寻找智者，以求得答案。

智者面带笑容地看着两位年轻人说："你们现在给了我一个有关人类情感的最难题目之一。因为爱情与友情本身就像是一对性格有所相同的孪生姐妹，既有相通之处，却又存在差异。有时，两者很容易区分，有时却无法让人清楚地分别。但是爱情与友情都是人世间最美好、最温馨的感情，两者都可以为我们带来快乐与美丽，并让我们变得善良。经历平淡的时候它们是无法区别，但是在有风雨来临的时候，两者却会有所不同。"

"比如……"

"比如，爱情中，你会对她说，你只可以属于我一个，而友情中，你却会告诉她：除了我，你还可以拥有其他的人。爱情玫瑰上的刺伤到了你的时候，你会一边流血，一边用渴望的眼神看着对方；而当友情的利器将你划伤时，你会包扎伤口，转身而去。"

"友情中，她要远行时，你会笑着祝福她；爱情中，你会哭着乞求：请记得我还在等你。爱情中，你时而会感觉到波涛汹涌，又会感觉到温暖无限，时而还会有冷冻成冰的痛苦。友情中，你只会感觉到阳光照耀。"

"当你与爱人被人逼至绝路时，你会告诉爱人：让我们一起拥抱死亡好吗？当你与朋友被人逼至绝路时，你会告诉朋友：让我们各自寻找生路好吗？"

"当爱情将你遗弃时，你会痛苦很多天，直到伤口愈合；当友情离开你时，你会叹气之后寻找另一段新的友谊。当爱人死亡时，你会跪在她的遗体旁说：我的心与你一同死亡；当友人死亡时，你会默默地哀悼，然后记住她的名字，悄然离开。"

智者说："这，便是爱情与友情的区别。"

男人与女人对视一眼之后，笑问对方："当我死亡，你会如何？"

关于友情与爱情的最终区别这一疑问，可谓仁者见仁、智者见智，每一个人都会有自己不同的区分尺度。或许你会不同意智者的话语，但是有一点是人人都表示赞同的，那便是：爱情要比友情来得更加热烈、更加专注、也更加追求唯一。当爱上了某个人时，你的心中便无法容纳其他人；当爱情逝去之后，你会感觉整个世界也随着爱人的离去而离开了。

无论是过去还是现在，害怕或者指责两性间的友情交往者大部分都是自身无力掌控感情的脆弱者，因为他们无法面对当爱情与友情出现了摩擦，发生了边界模糊的事情所带来的冲击与后果。而将友情变为爱情也非常简单，只需要你轻轻地说出一句承诺，或是面对对方的请求轻轻地点一下头。但是要完成这样一份承诺却很难，轻轻地点头便意味着誓言的许下，轻轻地承诺便是用人格做下的保证。你有能力去完成这份承诺吗？在面对这样的历练时，千万不要忘记拷问自己这样一句话。

第六节　不可避免的友情背叛

伟大的文学家泰戈尔曾经这样说过："我们不应该不惜任何代价地去保持友谊，从而使它受到玷污，如果为了那伟大的爱，必须牺牲友谊，那也是没有办法的事"。从他的话语中我们可以了解到，这位为我们所仰望的文学巨匠在对待友情时也是抱着"友情可以被背叛"的态度的。哲人尚且如此，那我们这些平凡者又应如何面对友情的背叛这种感情上的历练呢？

背叛是不可避免的

多数人都会在有了爱情之后便冷漠了平日里陪伴自己的朋友，只会在受伤的时候才会想起朋友的存在。这种人总是理所当然地享受着来自朋友的温暖，却无法让身处寒冷的朋友感受到来自他的热情，而这样的友情往往会在长久得不到回应的情况下让朋友失望，并感觉到一种背叛。

小芳兴奋又略带些神秘地告诉朋友，有一个男生经常会默默地向她表示好感。朋友们都为小芳高兴，因为她终于可以走出失恋的阴影了。朋友们总是太过热心地保护小芳，希望小芳走出心情的低谷，走向新的生活。

小芳为了讨好那个男生，开始了漫长的减肥过程，她宁愿放弃与朋友们一起聊天、一起逛街的快乐，一个人在操场跑上十圈，宁愿不停地耗费原本无法承担的花销去打扮自己。朋友们觉得小芳的做法很累，也许身在其中的她更累，只是小芳还沉浸在对新爱情的憧憬中，未曾感觉到。小芳总是很担心会失去男友，因为那个男孩总是那么自由，无法让人知道他的下一个动作。直到他对小芳的殷勤开始厌烦，并以关机这种幼稚的行为来惩罚小芳。小芳又一次被爱情中伤了，朋友们陪着小芳，听她诉说心痛。那一刻，朋友们又像从前一样，将心对彼此敞开。

后来，男孩原谅了小芳，小芳放弃了女孩应有的矜持，对他的所有要求通通照做，被他的爱情所支配。小芳和男友和好了，朋友们也祝福他们，朋友终归是朋友，只要她能开心，他们只需在身后默默地祝福就好。小芳开始将所有的心思用在了爱情上，不理睬朋友，甚至连话也不愿意多讲。她无视朋友的关心，并对生病的朋友施以让人心寒的态度，并美其名曰，怕将病传染给自己的男友。小芳不希望男友受伤，却让朋友受了伤，对朋友来说，几年来的相伴，还比不上几个月的男友。小芳身边的朋友们开始意识到，自己只是她感情受伤时的慰藉品，她背叛了那份纯洁的友谊，因为她的心中只有爱情。

当小芳再一次哭泣着回到朋友身边时，所有的朋友都沉默了，他们只是想告诉小芳：被忽视的友情不是一直都可以默默地陪伴着她，友谊也需要得到回应才能够继续付出，没有任何人会喜欢一厢情愿的友谊。

背叛的形式多种多样，而因为各种事情对友谊忽视则是最为常见的背叛方式。

这种人往往忘记了感情是双方的，当任何一方的付出得不到回应的时候，友谊便被另一方背叛了。所有付出都是为了得到对方的赞同与认可，这种没有回应的感情是不会存在很长时间的。

果断离开背叛自己的人

背叛是人与生俱来的一种劣性，也是表现人类性格的典型特征。这种行为向来被正直的人们视为下流、可耻、无情、残酷而又可怕的作为。背叛不等同于叛变，叛变在光明中进行，它可以光明正大，而背叛则在黑暗中进行，让人感觉到阴森入骨。"背叛"二字让人痛苦与憎恨的不是那个"叛"字，而是"背"字，特别是当两个最信赖的人在自己背后暗生情愫的时候，更是会让当事人心痛不已。

虽然身边经常会看到朋友和爱人背叛的故事，但小军还是毫无保留地相信爱人平与好朋友勇。一个是他深爱的女人，一个是与他度过最危难时刻的朋友，小军想，就算全世界的人都离自己而去，他们依然会陪在身边。小军不止一次地想过，当自己与平迈向婚姻的殿堂时，伴郎是勇，他们脸上带着幸福的笑容，与小军一起走向未知的明天。

也许是现实太过残酷，也许是小军的想象太过美好，不幸的一切竟然真的发生了。一次偶然的机会，小军发现了平手机中的短信大部分都是来自于勇，而语气中的暧昧让小军无法忍受。小军当场崩溃，并与平大吵一架。在她同样歇斯底里的喊叫中，小军知道了事情的缘由：小军的工作太忙，总是忽视平，而小军又总是太过放心地让勇去陪伴平，两个人日久生情。面对这样的背叛，小军无法说出原谅，在他心中，早就已经将平当作自己未来的新娘。如果抢走她的是别人，小军或许还不会如此伤心，但这个人恰恰是最好的朋友勇。当勇站在小军面前请求他原谅时，小军止不住上前给了他一拳。

小军离开了这个让他伤心的地方。

时间已经过去很久了，小军从朋友那里得知两人并未在一起，而且他们也很后悔当时的所作所为，可是现在的小军已死心。虽然总是会回想起三个人以前的幸福时光，但小军知道，当背叛来自于身边最爱的爱人时，他永远都无法说出那句祝福的话。

谁都有权利选择与任何人由合而分、由一致到对立，而当这一过程发生于友情之间时，便可称之为"叛"。当叛的一方在进行这一切时，被叛的一方被蒙于鼓里、全不知情，而判者还在竭力地想要隐瞒这一切时，背叛便由此而生了。当友情与爱情同时背叛自己时，无疑是雪上加霜，如同在三九寒冬之中还被最亲近的人剥去了最后一丝御寒衣物。这样的友情，不要也罢。

《圣经》中记载着人类最早的背叛："女人见那棵树的果子好做食物，也悦人的眼目，且是可喜爱的，能使人有智慧，就摘下果子来吃了，又给她丈夫，她丈夫也吃了。"

原来背叛源于人类始祖亚当与夏娃：在受不了诱惑的时候偷食了禁果，背叛了上帝。当我们在现实生活中被友谊所背叛时，是一件让人既痛心又无奈的事情，我们毕竟只是凡人，无法做到像上帝一样，原谅了人类，还以儿子的血来洗清世人之罪。面对使我们堕入严冬、剥去仅有的御寒衣物的背叛，我们只能将其弃之一边，再不用心去想、去看，以此来减少自身的痛苦。

第七节　当友情遇到金钱

近代著名的新闻记者邹韬奋曾经说过这样一句话："金钱往往成为真正情义的障碍物。"当今社会中，金钱越来越为人们所重视，原本起着称量物品价值的等价物作用的金钱，在这样的社会环境中慢慢地演变成了诱惑人们的罪恶之果。不管是亲情还是爱情都无法经受得住金钱的考验，而友情在这种大环境的渲染之下，也难以逃过这样的下场。所以，才有"再纯真的友谊也经不起金钱的考验"这样的话题存在。

金钱会让友情变质

人活一世，唯一从生至死都可以牵涉到的物品便是钱了。有些人习惯于在自己没有钱的时候向朋友借，或者朋友向自己借钱的时候，慷慨解囊。但是在借过之后，还钱的时候便会给人们带来很大的困惑，甚至有可能会让原本关系很好的朋友变成陌路人。

赵凯一直困惑于一个问题：难道朋友之间真的无法经得起金钱的考验吗？借钱给朋友或者自己向朋友借钱为什么都会导致友情的中断呢？

他的困惑来源于自身所经历的事情。一位朋友是买卖人，虽然没有挣什么大钱，但是手头却远远要比赵凯宽裕很多，而且还有自己的私家车。有一天，这位朋友张口向赵凯借了五千块钱，并说用完一个星期之后立即会还给他。赵凯当时想，谁还没有个困难的时候啊？朋友之间本就应该互相帮助。之后他痛快地将钱从银行中取了出来，送到了朋友手中。

让赵凯感觉到非常不可思议的事情发生了：朋友在借钱以后，竟然连电话也不打了，到了还款的日期，他也没有出现。而从前，这个朋友可是几乎隔几天就会请赵凯外出小聚的。赵凯当时并没有多心，只是想着朋友可能有事情给耽搁了。但是在两个月以后，这位朋友就好像人间蒸发了一样，赵凯打过去电话，那头总是没有人接。妻子劝赵凯，让他换个电话试一下，赵凯照办了，没想到朋友竟然在第一时间接了电话。这下证明了赵凯的想法：朋友是为了逃避还钱，才躲着自己的。

赵凯在电话中讲明了自己家中近段时间财务方面比较紧张，也在等钱用。而对方却在犹豫片刻之后给了赵凯一个冠冕堂皇的理由：前几天自己从银行里取了钱之后准备还给赵凯，结果快到家门口的时候被人给抢劫了。这样牵强的理由让人无法相信，但赵凯也没有再逼迫朋友。

虽然朋友最终将钱还给了赵凯，但两个人的友谊从那以后便开始变得非常疏远了。赵凯非常困惑：朋友之间原本不就是要有了困难互相帮助的吗？为什么自己借钱给他之后，反而使得百日交友、一日断送了呢？

钱钟书老先生在关于金钱对人际关系的影响这个问题上，有着非常深刻的认识：凡是有人向他开口借钱，不管数目大小，一律打对折双手奉送，借一万，给五千，并嘱咐一句："不用还了！"钱老先生是如此睿智通达，而他的这种举动也正是因为意识到了金钱不仅可以帮助人，更可能会使人同时失去友情与亲情。

正确认识金钱与友情的利害关系

"亲兄弟明算账"这一俗语早已将金钱所起到的负面作用明明白白地告诉了我们，连一脉相连、同母所生的亲兄弟都有可能会被金钱所累，更何况其他各种远在亲情之外的感情呢？这同时也提示了我们，不管朋友之间再如何亲近，也要学会将两者之间的利害关系处理得恰到好处。

长期在外工作的云鹏终于下决心要结束在外面为别人打工的日子，回家乡开一家服装厂。哥哥与嫂子都非常支持他，并希望他可以通过脚踏实地的奋斗来开辟出自己的事业，从而彻底结束被贫困所束缚的苦日子。由于资金比较紧张，云鹏先后向哥嫂借了十万元，但是资金周转还是非常不灵活。这时，云鹏的朋友有意要加入服装厂的经营中，虽然对朋友加盟有着较大的担心，但云鹏还是答应了。

朋友的投资虽然少了一些，但是他有开厂子的经验，云鹏希望可以通过他从前的经营吸取一些经验，便没有规定那么多双方应尽的义务与应该承担的风险。工厂开办的初期发展得非常顺利，云鹏也确实挣到了不少的钱，不到半年的时间便将欠哥嫂的钱还上了。

但是最近，云鹏与朋友的合作却出现了一些问题，朋友为了解决自家几个亲戚的就业问题，安排了他们到工厂里上班。但是这些人都没有什么能力，而且其中一人还将服装样式搞错，使得工厂亏损了一大笔钱。这样一来，原本经营状况还算好的工厂资金方面有些捉襟见肘。由于是朋友一方出了错误，云鹏希望他可以负起责任，但朋友却认为他是公司的股东，不用承担这种责任，而且也拒绝将出错的员工开除。

这样一来，整个公司的管理都陷入了困境，而朋友也与云鹏翻了脸，将资金撤出了公司，并带走了大部分的盈利。云鹏的工厂也倒闭了。

金钱与利益的纷争经常在社会上出现，而最让人头疼的莫过于朋友之间的利益纠纷，由于在事前没有做出明确的规定而导致事后朋友翻脸的事情并不少见。这种事情不仅会让两个当事人陷入失去信任的危机之中，而且还会使人产生"朋友之情的铜臭化"的想法。与朋友交往也好，合作也罢，一定要分清责任，摆明利益，否则就是自寻苦果。

曾经有人这样评述友情：在利益面前，没有绝对忠实的朋友，朋友之所以现在还陪伴在自己的身边，完全是因为诱惑的筹码还不够多。当金钱的诱惑到达了一定的程度之后，再纯真的友谊也无法经得起这样的考验。如果还对友情心存希望，不愿意看到朋友变为陌路人甚至仇人，一定要记住以下两点：

其一，与朋友合作明算账，不向朋友借钱。

其二，想借钱给朋友时，不妨学习钱钟书老人，告诉对方不用还了。这样不仅可以使自己减少些损失，还可以继续这份友情。

第八节　对朋友一定要以诚相待

人是感情十分复杂的高级生物，但无数的事实证明，在人与人的交往之中，机关算尽是无法赢得别人的真心对待的。聪明的人总是懂得生活是一面镜子，你如何对待别人，别人便会怎样对待你。当参透了这点之后，不断地增加自己情感账户上的投资，不断地对朋友付出真心，我们才能够在这个人情世故的现代社会中寻找到寒冬里的一片艳阳。

用真心对待朋友

做事的方法和经验是可以积累的，但做人却必须要懂得随机应变，所以很多人都慨叹"世间最难的事情便是交朋友"。无数先哲圣贤也都曾经叹息过：千金易得，知己难求。"朋友"二字从字面上理解非常简单：彼此之间有交情的人才可以被称为朋友。而想要在日常的交往中交到朋友，最根本的便是要用真心来对待朋友。在朋友陷入了寒冬之后，不要忘记为对方送去一袭御寒的衣物，才能够在自己陷入困境之后得到来自于朋友的帮助。

小芳是从别人那里听说阿月的丈夫出车祸去世的，听到消息的那一刻，她的心里"咯噔"一下：不知道阿月现在怎么样了，那么脆弱的一个女人，到底应该怎样度过这段难挨的日子啊？她的心里充满了担心。

她与阿月是大学时期的舍友。两个人的关系原本很平淡，有一次学校放假，宿舍只剩下了她们两人。半夜里，小芳突然难受了起来，在被窝里咳嗽得厉害，是阿月去校医务室里请的医生。这件事让小芳非常感激：一个平日里那么娇气的女孩，怎么敢在半夜里穿过黑暗，在昏黄的灯光下去那么远的医务室呢？两人自此以后开始变成了朋友。

小芳是一个非常感情化的人，她一直记着大学时候的那件事情，并且暗自发誓，只要阿月用得到自己，自己一定要帮助她。虽然毕业之后两人只是通过电话联系，但是小芳还是决定要去阿月所在的城市一趟。她辞别丈夫，搁下工作，一路摸到了阿月的家里。阿月的父母正在为女儿的状态而担忧：阿月总是一言不发，连哭也不哭，每天只是呆呆地对着丈夫的相片看。小芳劝回了阿月的父母，看着清瘦的阿月，她不禁有些心酸：原本就非常瘦弱的她愈发显得消瘦，脸上毫无血色。面对无语的阿月，小芳忍不住哭了出来。阿月看着小芳，强忍下的悲痛终于爆发了，她哭得昏天暗地，而小芳就在一边陪着她。哭过之后，阿月的心里好了一些，丈夫死后，她第一次向别人开启了自己的内心世界，讲述了这些日子自己是如何想随丈夫而去。小芳一边劝慰，一边为她做了一些滋补的食品。

这样的日子一直持续到了阿月的情绪有所好转。阿月面对小芳无微不至的照顾，充满了感激，小芳却拒绝了她的感谢："我只希望你可以快点好起来，让死者安息，让自己重新面对生活。"在她的注视下，阿月答应下来，决不会再沉浸于过去，让自己重新鼓起生活的勇气，小芳这才回到了自己的家中。

朋友不是只有在举杯畅饮之时才可以作陪的那个人，而是在自己身陷困境之中伸出援手拉自己一把的那个人。朋友之间只有相互帮助，相互依靠才可以使友谊之树长青。当朋友正在人生的严冬中经受考验时，别忘记从前朋友为自己所付出过的真心，试着尽自己最大的力量去为朋友送去衣物，拥抱逐渐被寒冷冻伤的朋友，友谊才会变得更美好。

君子之交淡如水

想要守护亲情，最好的办法莫过于感动；想要诠释爱情，最好用信任；想要经营友情，最好莫过使用真心。没有了亲情的无私，爱情的伟大，友情之间只剩下了坦然。面对人生路途中各种各样的暴风雪时，学会让自己坦诚而真心地对待朋友，让自己将单纯与透明呈现于朋友面前，友谊自然会变得持久。

张华和李强的相识是在一次文学研讨会上，他们都喜欢写作，但彼此的身份十分悬殊。李强是某大型公司的老总，身价何止千万；张华是某事业单位中的小职员，每月工资最多不过数千。但是两人对文学的相同爱好，让他们彼此惺惺相惜。张华经常会成为李强酒席上的座上宾，每当文坛有友人来访，李强便慷慨解囊，在本市最豪华的酒店中摆下宴席，一定会邀请张华一同陪客。张华也常请李强吃饭，每次文章发表，收到稿费之后，张华总是在家中准备小菜几碟，让李强来家中一同赏文饮酒。李强从未因为张华的酒宴寒酸而拒绝入席，他总是乐在其中与张华一同品味着几十块钱一瓶的酒。

有个如此财大气粗的朋友，自称为文人的张华更是忌讳他们的友谊会沾染上铜臭味道。那年张华的孩子身染重疾，欠别人的药费至今还未还完。如果当时张华张口向李强借钱，他自然会借予张华，但是张华只字不提。李强也了解张华的心意，同为文人，都不希望友谊被玷污。但是他却总是以独特的方式来帮助张华：家中哪里漏水了，泥瓦匠出身的李强会亲自上阵，做出来的工匠活让张华惊叹。每年张华的老母过寿，李强总是放下手中的事务，与张华一同坐小巴车赶回张华那贫困的家乡为母亲祝寿，并携带小礼物数份。虽然张华无力帮助李强过多，但也总是为他做一些力所能及的事情，将他所爱的文学书在第一时间买到手，转送于他。

这样一对朋友，遇者皆称俗世少见，一个从不依仗势利，一个也从未自卑自贱，只用相互之间对文学的爱好与真心对待对方。别人说张华不掉价、有气节，而张华却更欣赏李强，出则宝马、入则豪宅的他仅仅是用一颗真挚的平常心来对待张华，才使得这段友谊保存至今。漫长人生路上，如果可以寻找到一位真心待己的朋友乃是人生一大幸事，而这种真心朋友也是自身付出真心所换回的结果。在与朋友的交往中，将心比心，用真情实意去换取对方的怜惜，相信一生中总会遇到些许真心朋友的。

人生旅程漫长而又遥远，无人可以凭借一己之力独自走完全程。于是，茫茫人海之中，我们需要寻找朋友来共同携手度过风风雨雨，防御冬日严寒。所谓真心，便是古人眼中的"君子之交淡如水"，用真心去对待朋友，便会换回朋友高山流水会知音的回应，更会得到朋友心灵上的相知相通。真心才是帮助我们寻找知己的最得力的助手。

第 4 章

爱情奏响生命的主旋律——爱情与生命

生活是矛盾的,它既会让你感到精彩无限,同时也会令你无可奈何。面对这样的世界,我们首先应该想清楚的是什么是我们可以改变的,什么是我们无法改变的。当我们可以改变时,就要尽力去改变;当不能改变时,就要适当地选择接受。用等待来规划自己的人生,那是最傻的。

第一节　等待只会让爱情消逝

　　青少年时期并不适合谈情说爱，但爱情是每个人生命中不可或缺的一部分，就像学前教育是为了以后的学习打好基础一样，对不可或缺的东西，我们要提前对它有所了解和准备。这一章的以下几个小节全是在教导青少年朋友要培养一个明智、健康的心态去面对未来生命中的爱情。

　　生活是矛盾的，它既会让你感到精彩无限，同时也会令你无可奈何。面对这样的世界，我们首先应该想清楚的是：什么是我们可以改变的，什么是我们无法改变的。当我们可以改时，就要尽力去改变；当不能改变时，就要适当地选择接受。用等待来规划自己的人生，那是最傻的。

坐等其成不如主动争取

　　很多成年人在面对爱情时，都喜欢守株待兔，不去争取，但也不选择接受。无声无息的等待是可悲的，也是可怜的。如果想拥有爱情，就要采取主动，努力争取说不定能得到纯美的爱情。

　　"明日复明日，明日何其多。我生待明日，万事成蹉跎。"明朝学者文嘉以通俗流畅的语言告诉世人，人的一生如果在等待中度过，那么，他将虚度光阴，一事无成。世上的人们如果被明日所羁绊，则年复一年，光阴飞逝，暮年将会在不知不觉中到来。早晨看河水东流而去，傍晚看夕阳西下，一日之中无所事事。百年之中又能有多少个明日呢？人生屈指几十载，爱情更是难以经得住岁月的蹉跎，美好的爱情需要两个人共同经营与面对，在相处过后，才能建立起最坚固的情感堡垒。幻想与唯唯诺诺是自欺欺人的表现，幸福是靠两个人的努力才能抓住的。

　　爱情也有寒冬，坐等其成的心态很容易让爱情的冷冻期越来越长。很多人只有在和爱情擦肩而过后才懂得，给爱情设定期限是那么的愚蠢。在爱情的路上，一个微小的错误就会使爱情陷入冷冻期，错过了就是永远的遗憾。

　　小静和林凯就读于同一所大学，但所学专业不同。他们是在学校举行的舞会上认识的。小静的安静与舞会的热闹形成了鲜明的对比，也就是这份安静引起了林凯的注意。他们有着很多共同的爱好，小静的秀美、婉约吸引了林凯，林凯的浪漫、才气也吸引了小静。他们自然而然地相恋了。

　　北方的冬天异常寒冷，小静亲手为林凯织了一条纯白色的围巾，站在雪地里，与白雪无异。小静说："我在出生的时候，下起了大雪，所以名字中有个雪字，我也很喜欢雪。这条围巾和这些纯白的雪都是我们爱情的见证。"因为他们有着共同的爱好，所以有着说不完的话。就这样，他们在校园里共同度过了两年的春夏秋冬。有恋人相伴的日子是美好的，可也是短暂的。

　　毕业后，他们都要面对回老家的问题。小静因为家中还有一位生了重病的母亲，所以必须回去照顾。小静想让林凯陪她回去一趟，见见她的父母，可是林凯却拒绝了。他想，自己也是来自农村，而且现在也没工作,怎么有能力照顾好小静和她的家人呢？他对小静说："你等我三年，我会用三年的时间为我们的人生做一个很好的规划，我会努力让自己好起来，给你一个美好的人生。到时候，我就去找你，去见你的父母。"小静看着他，没有说话，带着无尽的失望踏上了回老家的路。

　　林凯为了以后的生活，他做过业务员，也进过工厂。小静也经常给他打电话，内容也大都是让他见见她的父母，可是林凯还是没有去。很快，两年的时间就过去了，林凯的工作也趋于稳定了，当他升为部门经理的时候，他给小静打了电话，这时他才想起来，好久都没有和小静通话了。电话打通后，他兴奋地向小静讲着自己的工作。这时，小静只是平静地说了句："恭喜你！"

平静的声音让林凯意识到了什么。在林凯的追问下，小静说："我刚刚结婚了！"听到这个消息，林凯呆了。"不是说好了吗，让你等我三年吗？为什么会这样，三年时间还没到啊？"林凯在电话里大声地说。"三年，你知道三年有多长吗？你知道这三年发生了什么吗？我的母亲在这三年之中去世了，我的妹妹因此辍学了……"小静泣不成声。"我，我……"林凯不知该说些什么，因为在小静最艰难的时候，他却不在身边。

挂断电话后，林凯看着窗外，一样寒冷的冬天，一样洁白的雪，可是相爱的人却因为等待而分开了。

林凯在这场失败的恋情中也许已经学会了如何去经营爱情，他也明白了爱情是不能等待的。如果遇到了可以让你好好疼爱的人，那么就别让对方等太久，两个人一起奋斗也是很幸福的，别让爱情等太久，当把真爱都磨掉了，后悔也来不及了。

有些话是必须要说出来的，尤其是在面对爱情的时候，喜欢就要大声说出来，如果不说出来，只是靠想象与猜测，那是永远也猜不透的。爱就要大声地说出来，哪怕你不能确定对方是愿意接受，或是会否决，但爱了就是爱了，如果两个人都只等对方开口表白，那么，结果无非只有一个，那就是——一个向左，一个向右。

要大胆表达自己的心声

一个女孩向他深爱的男孩问道："下辈子你要几个人生活？"男孩笑笑说："两个人，我和我爱的人。"

男孩反过来问女孩：那下辈子你要几个人生活？女孩看着男孩说：不知道，因为我爱的人从未说过他爱我。

很显然，男孩是爱女孩的，只不过不知道该怎么来说，怎么来爱。

当在爱情的路上遇到了对的人，就大胆地表达，大声地告诉对方。他可能不浪漫，可是他却一心一意地爱着你，她可能不漂亮，可是却懂得温柔……

李乐和凌娅都是登山俱乐部的会员，他们经常结伴去旅游。一次他们一群人又相约去登山，两两一组，从不同的地方开始攀登，然后在山顶会合。李乐和凌娅是一组，他们也是很谈得来的朋友。在登山的过程中，凌娅不小心扭了脚，后来他们又迷路了。到了太阳下山，他们也没找到正确的路。带的食物和水都没了，体力已经透支了，他们心中有很不好的预感。

两人实在走不动了，便依偎在树下。晚上借着星光，凌娅用微弱的声音说："不知道我们还能不能走出去，可能永远都走不出去了，在临死之前，我想告诉你一个秘密。"李乐的声音也变得有气无力了，他说："什么秘密？""也许你不知道，其实，我一直爱着你！"说完，凌娅的眼泪就流了出来。"什么？你说什么？你一直爱着我？"李乐有些不可思议地问。"对，从你进俱乐部的第一天，我就爱上你了，两年了，从来没变过。"凌娅的抽泣得更厉害了。"那你为什么不早说？其实……其实，我也一直爱着你，从我看到你的第一眼起就爱上你了，可是……"李乐也流下了泪。"你也爱我？那为什么不早告诉我？"凌娅看着李乐说。"你的条件那么好，我没有勇气向你表白，害怕面对你拒绝的声音。"李乐低下头说。"我一直没向你表白，是因为，我觉得你不喜欢我，所以……"凌娅停止了哭泣，小声说道。两个人看着对方，都笑了。李乐问："如果不是今天困在这里，你会说你爱我说吗？"凌娅说："不会，我会默默等待。"凌娅问："那你呢？会说吗？"李乐说："不会，我也会默默等待。在等待中，规划以后的生活。"

正在他们快失去意识的时候，救援人员赶到了。被救出来后，他们很快就举行了婚礼，不再用等待来消耗掉自己的人生。

现实生活中像李乐和凌娅那么幸运的只占很小一部分，虽然是一次性攸关的冒险，但也让彼此看到了赤诚的真爱。爱了就要表白，可以让爱在梦幻的表白中破碎，不能让爱在等待中留下永久的遗憾。我们短暂的人生经不起长时间的等待。等待是煎熬，对于爱情来说，漫长的等待更是一种痛苦的煎熬，那种若即若离，似有似无的感觉，总是让人无法理智地去面对。

人生的每一天都是现场直播，不要让你的人生充满了遗憾和等待。如果可以改变现状，那么就尽力去改变吧！结束等待，拥有也好，失去也罢，都是人生的一种选择，一种历练，千万不要让自己在无尽的等待中迷失了自我。

在这个世界上，最可怕的事情莫过于等待似有若无的东西。爱情本来就是一种感觉，是一种很脆弱的东西，它看不见也摸不着，如果靠等待就想获取，那几乎是痴人说梦。在爱情面前，只有勇敢地表达出来，才有可能拥有它。可是，如果总是以等待的态度和旁观者的角度去看爱情，就注定会与真正的爱情擦肩而过。大多时候，不是爱情离我们太远，而是我们总拒爱情于千里之外。总是想着先完成自己所谓的伟大事业后再来照顾爱情，可是，不要忘了，爱情是经不起等待的。

第二节　爱情不可以背叛，
　　　　但可以放弃

爱情之树结出来的不仅有甜蜜的果实，也会有酸涩的苦果。在爱情里，无所谓谁对谁错，只有经历波折的人，才懂得其中的道理；只有经历过伤痛的人，才懂得怎样保护自己；只有"傻"过了，才懂得适时坚持和放弃。爱情可以让人在得到与失去中慢慢地认清自己。有的时候，爱情不需要一味地执着，学会放弃，也是一种勇敢，也许你的生活会因放弃而变得更愉悦。

当一段感情不能再继续了，无论过去是否爱过，当你无法走进对方的心扉时，对方便已经不会在乎你的感受。不爱的那个人永远是先放得开的，所以，千万不要折磨自己，将痛苦一个人承担。

放弃是一种成长

人是一种很贪婪的动物，就算知道那是不属于自己的幸福，可是也不愿意放弃。当你不爱对方时，请放手，好让别人有机会爱他（她）。当你爱的人放弃你时，更要放开自己，好让自己有机会去爱别人。有时候，你喜欢的不代表就一定属于你，有些东西即使你再舍不得也是注定要放弃的。爱的本质是美好与幸福的，不要让爱成为伤害彼此的工具。

雅玲和大宇在大学里相爱了。雅玲是独生女，家境优越，却丝毫不做作。她是个性格独立、坚强却又不失温柔的女孩。大宇因家境贫寒而显得自卑，但脸上分明的线条散发着独特的魅力。雅玲的身边也不乏追求者，但雅玲却对大宇情有独钟。

雅玲为了大宇改变了好多，学会了照顾人，要知道以前的她是处处被人呵护、照顾的。她为大宇打饭、洗衣服，她了解大宇所喜欢的一切。以前大宇还觉得，雅玲可能就是因为好玩才和自己在一起的，所以总是对雅玲不够关心，也许是被雅玲所做的事情感动了吧，他对雅玲越来越好了。虽然中间也会有争吵，可是雅玲总是沉不住气，没一会儿就主动给大宇打电话。就这样，在雅玲所谓的甜蜜的爱情中，他们的大学生活也快结束了。

一天，大宇约雅玲出来，雅玲兴冲冲地赶了过去。可是大宇开口就说："我们分手吧！"大宇的话把雅玲推向了深渊。"为什么？"雅玲哭着说。"不为什么，我们不合适。"大宇说完就跑了，留下独自哭泣的雅玲。最后雅玲知道了大宇的情况。原来大宇上大学的钱都是老家一家公司出的，当然条件就是男孩学成后到公司上班，否则就要赔五万多元的违约金。

雅玲在图书馆将大宇"堵"住了，不知道对大宇说了什么，然后将一包东西塞给了大宇就跑了。里面是雅玲向家人撒谎，拿到的五万元钱。

大宇如愿留在了这座城市。雅玲的家人因为这件事而将雅玲所有的生活来源都断了。雅玲只有借住在朋友家里，然后找工作，最后在一家公司做起了策划，经理就是大学的一个学长。大宇在一家私企找到了工作。工作的忙碌让他们在一起的时间少了，可是，雅玲还是会适时关心大宇。他们的爱情又一次面临了考验，大宇又提出了分手，这次很彻底，大宇换了住所，换了手机号，像是人间蒸发了一样。

雅玲发疯似的找大宇，工作频频出错，精神状况也越来越差。最后学长放了她一个月的假。雅玲还是不停地寻找着大宇的下落。雅玲一个人走在街上，对面走过来的一个人让她的心好痛。她看到了大宇，一只手搭在一个女孩的肩上，有说有笑地向她的方向走来。雅玲跑过去，站在了大宇的身边，眼睛直直地看着大宇。大宇脸上笑容变得很尴尬。"你是谁啊？"大宇身边的女孩先说话了。这时，大宇笑着对身边的女孩说："哦，她是我大学同学。"大宇说得是那么平静，好像他们之间真的就什么也不存在一样。雅玲看着大宇没有说话，转身走了，眼泪也流了下来。最后，雅玲从朋友那里得知，大宇身边的女孩是他所在公司老总的女儿。

雅玲擦干眼泪，原来自己所寻找的答案就是这样的，她为自己感到不值。她不再让自己为大宇流一滴眼泪，她不想让自己活得那么累。

在爱情里，适时的放弃不仅是对对方的负责，也是对自己的负责，在落泪以前抽身离去，留下的也只是简单的背影而已。放弃，将昨天埋在心里，留下的是最美的回忆；放弃，将共同经过的终止，让彼此都能够轻松前行。

当爱已成往事，那么就彻底放弃吧。爱情本来就存在不完美，放弃了对于自己来说不适合的爱情，你还会迎来更美更纯的爱情。冬天到了，春天还会远吗？爱情的冬天是短暂的，只有经历了寒冬，爱情才能更牢固，才更显其价值，才能迎接明媚的春光。

放弃是一种拥有

喜欢一件东西不一定要拥有它。有些人为了得到自己喜欢的东西，殚精竭虑，有的甚至采取极端的手段。俗话说"有得必有失"，这样或许可以得到自己喜欢的东西，可是在追逐的过程中，所失去的东西也是无法估量的。有时候自己所得到的东西与所付出的代价相比，那简直就是小巫见大巫。

放弃就是一种拥有，虽然心会痛，但这才是真正的爱情，真正的人生。只有放弃了不属于自己的，才能有更好的选择，才会看到以后更美丽的风景。就如冬天一般，虽然冷，但却有一种别样的美，只有经历过的人才能真正体会到其中的感觉。当冬天过去了，就会迎来暖暖的春天。放弃需要勇气，要想走过寒冷的冬天更需要勇气。

泫雅躺在洁白的床上，周围的一切都是白的，让人感觉很冷很冷。泫雅慢慢地睁开眼，看到了一脸沧桑的父亲和泣不成声的母亲。泫雅为了挽回男友，选择了一种极端的方式。

泫雅和男友从高中开始就是同学，到了大学才确定了恋爱关系。他们都很珍惜这段感情，泫雅更是把这段感情看得比什么都重要。大学毕业了，都已参加工作的两个人变得忙碌了。而且他们所面对的事情也越来越多了，争吵也就不可避免了。在无尽的争吵中，男友提出了分手，虽然他对泫雅还残存有爱，可是，他也很清楚，泫雅不是能和自己走进婚姻生活的人。面对在一起六年的男友，泫雅除了哭还是哭。男友刚开始也试着开导泫雅，可是泫雅却不愿放手，她认为，爱就一定要在一起。她用尽各种手段来挽回男友，也因此而耽误了工作，身体也消瘦了。可是，男友却无动于衷，面对泫雅极端的做法，男友选择了逃避，他辞去了工作，到外地去了。找不到男友的泫雅就选择了结束自己的生命。因为抢救及时，泫雅才脱离了危险。从始至终，男友就没出现过。已经"死"过一回的泫雅终于明白了，在这个世界上还有比爱情更重要的东西，想想自己的傻，再看看为自己担心的父母，泫雅哭了。不是因为失去，而是庆幸自己明白得还不算太晚。

只有愚蠢的人才会想到用"一哭二闹三上吊"的办法挽回恋人，这样做也许可以留住人，但是却留不住已经不爱的心。如果为此而赔上了自己年轻的生命，那就太傻了。这样做或许可以唤回恋人的回应，可是带给对方更多的却是内疚与不安。一个决定可以成全两个人，同时也能毁了两个人。当爱已逝去，那么就果断地放弃吧！

不经历风雨，怎能见彩虹？不经历寒冬，怎能看到暖春？爱情本身就让人难以捉摸，爱的时候可以如痴如醉，不爱的时候可以冷若冰霜。所以，在爱情的路上，不要思考谁对谁错，因为爱情的对与错很难界定。当不爱了，就放弃吧，不要让爱成为你的牵绊。让昨天的幸福化作一种痕迹，随着时间慢慢抚平。

第三节　埋葬不属于自己的爱情

爱情有时就像流星一般，虽然美丽，但却很短暂。顷刻的甜蜜，瞬间的幸福，到最后只是伤痕和挥之不去的眷恋。爱情不尽然全都是美满的，面对已经逝去或者变质的爱情，最好的方法就是将它埋藏，再用积极向上的心态去迎接另一段属于自己的真爱。

对不属于自己的感情说再见

沉溺在爱情的甜蜜中的人，很多人都无法正视爱情的离去，当爱情不在，他们还做着无谓的挣扎。这样，只会使自己更狼狈。只有清理掉不属于自己的爱情，才能迎来更美好的属于自己的真爱。

仁者见仁，智者见智，每个人对待爱情的态度都不同，也正因如此，爱情的结果才会有喜有悲。

有的人对待爱情会用理智的态度。在他们看来，愚昧地的抓住不属于自己的爱情，还不如将爱情埋葬在那一刻，然后去追寻新的开始。有很多人能够欣然接受美好的爱情，可是，当爱情变了质时，他们就无法面对了。当爱情已经腐化时，如果还想再靠近，那么，只会让自己变成一个病人。

若涵和郝明相识于网络，他们生活在同一座城市，虽然他们也视频聊过天，可是却从未真正见过面。直到半年后，郝明提出见面，若涵也没有反对，所以就相约在充满浪漫气息的咖啡厅见面。

天空下起了纯白的雪，很漂亮，若涵穿了一件雪白的羽绒服，郝明则穿着一件黑色的大衣，看起来很有风度。在咖啡厅，他们相谈甚欢。比起网络，这样的谈话让若涵觉得更真实。郝明的善解人意和细心都让若涵很欣赏。就这样，他们的恋情从网络走向了现实。

在郝明那里，若涵得到了关爱和尊重。郝明每天接送若涵上下班，这也让若涵很感动。可是当若涵问他，怎么总是有时间来接送她时，郝明也只是说，自己的工作很轻松，只要报个到，然后回家做就行。沉浸在爱河里的若涵也没太在意。一个星期过去了，若涵每天的生活都被爱包围着。郝明邀请若涵到他家里玩儿，若涵将自己精心打扮了一番，高高兴兴地去了。郝明准备了一桌丰盛的烛光晚餐，很浪漫。郝明从背后突然拿出一大束玫瑰花送到了若涵面前，若涵感动得都快哭了。

他们吃着晚餐，喝着红酒，听着音乐。在暧昧的气氛中，不该发生的事发生了。第二天醒来，若涵哭了，可是在郝明的一再保证下，若涵也转涕为笑了。

回家后的若涵开始勾勒自己的美好未来。但后来发生的事让若涵几乎绝望了。郝明不见了，电话打不通，去他家里找，才知道原来他的房子是租的，已经退了。这时，若涵才想起来，他根本不知道郝明是做什么的。她似乎明白了什么，她没有哭，也没有再去找郝明。独自走在大街上的若涵，心虽然很痛，可是又不知该去怪谁，雪花很合时宜地下了起来，落在若涵身上，很快就融化了。回到家后的若涵将与郝明有关的东西都抹得一干二净，郝明送她的礼物、郝明的 QQ 号、郝明的电话……通通都埋藏在了这个下雪的冬天。

白雪纷飞，爱情死了，大地也跟着沉睡了，皑皑白雪祭奠的是心中永恒的回忆。在冰封的季节里，当你爱的人从你的世界中走出去，你或许会觉得很冷，但是与季节的寒冷相比，失去爱的冷会更让人无法忍受。与冰雪打在身体上的痛相比，失去爱的痛会直入人心。

勇敢和过去告别

一个人的冬天是异常寒冷的，当爱情也渐行渐远时，为了不让自己更冷、更痛，为了不让爱自己的人更冷、更痛，就将它埋葬吧，让它伴着冬季的雪一起化成水，然后蒸发掉，蒸发得干干净净，不留一丝遗憾。这样才能更好地享受生活，才能有更好的开始。

当对方不再关心你时，当对方不再为你提心吊胆时，当对方不再重视你时，你就应该要明白，你在对方的心中已经不再重要了。当你卧病在床时，对方不再像以前那么悉心照顾；当你寂寞时，打电话给他（她），他（她）却不耐烦；当你悲痛时，想对他（她）哭诉，但他（她）却说你不懂事……你就应该知道，对方已经从内心深处将你剔除掉了。你们之间的爱情已经冷却了，面对这样的爱情，不要选择独自承担。将一段伤感的爱情埋葬，让所有的伤痛随着寒冷消逝。梳理自己的心情，生活依旧美丽，阳光依旧灿烂。

阿丽很天真，也很可爱。她刚刚参加工作，对未来的生活充满了希望。在工作中，她认识了阿德，阿德和阿丽在同一幢大厦里上班，每天都会见面。慢慢地就熟悉起来了，在朋友的撮合下，阿丽和阿德在一个下雪的冬天开始了恋爱。阿丽很天真，把爱情看作是生命的全部，当然，阿德也说过会爱阿丽一辈子。阿丽以为自己遇到了只属于她一个人的爱情，以为自己是这个世界上最幸福、最幸运的人。她沉浸在爱河里，编织着自己的梦，无法自拔。可是，有很多事总是在不经意间发生着改变。当爱的激情褪去，阿德爱上了别人，无情地向她提出了分手时，阿丽觉得天就要塌下来了。阿丽不想放开这段恋情，她试图挽回，她哭过，闹过，甚至拿自己的生命威胁对方。可是阿德的一句话让她完全醒了。阿德说："不要这样了，何必呢？不爱了就是不爱了，你这样做只会让我更看不起你，我们到此为止吧！"

看着无情的阿德，阿丽想恨他，可是不知道为什么，怎么也恨不起来。这时，她才明白，不管是哭还是闹都只是徒劳，爱没了就是没了。她安慰自己道："算了，他既然选择了别人，选择了另一段开始，我为什么还要那么傻呢？远去的爱情，再留恋也没用，再伤心也无济于事，到最后伤心还是自己。"阿丽和那段曾经美好的恋情做了最后的告别，将它永远留在了一个下雪的冬天。她擦干眼泪，继续着自己的生活。

爱情具有很大的魔力，它能让人拥有幸福，可是它又会让人失去理智。一段感情结束时，只有选择离开，才不会让自己更痛苦。将不愉快的过往埋葬，才能开始新的生活。如果总是活在过去，一个人对着早已不存在的爱情，那么，就永远也走不出冬天，永远也看不到春天的美好，感受不到春天的温暖。

在这个世界上没有什么是放不下的，只要你想放下，那么就一定能够放下。如果总是抓着逝去的爱情不放，以此来折磨自己，那么你就注定看不到春暖花开的季节。与过往说再见，有时也是需要勇气的，只要勇于向过往说再见，那么，你的人生就会改变，你也会变得坚强。人都是在历练中长大的，只有埋葬了不属于自己的爱情，才能学会如何去爱，才能得到真正的爱情。

第四节　逝去了爱情，生活仍在继续

很多人都会把失恋和世界末日画上等号，认为失去了对方生活就无法继续了。其实，失恋是很平常的事，伤痛也是在所难免的。如果失恋了却没有痛苦的感觉，那么，你们的爱也许早已淡去了。可是，如果对失恋的付出比对恋爱的付出更甚，那么，你就会永远活在失恋的痛苦当中，终日不得解脱。

失恋了是生命中很正常的事，失去了一段感情，说不定有更多的选择。如果把全部的精力投入到痛苦中，就看不到更美的风景了。笑着面对失恋，你就是冬日里最娇艳的红梅。

不要把失恋看成是"世界末日"

很多人都很难正视失恋这一事实，可是也有些人能理性地看待失恋，他们认为失恋并非等于世界末日，而是新的开始。事实也正是如此，失恋只不过是结束一段已成过往的恋情，只要以合理的态度面对失恋，那么很快就会走出悲伤的阴影，绽放绚丽的笑容。在这个世界上，就是因为有些人无法面对失恋，才导致了很多惨剧的上演。

圆圆和明宇在朋友的介绍下认识，并开始了恋爱。相互的理解使他们的心靠得更近了，虽然每天为工作奔波着，但他们从没让这朵爱情之花凋零。经过努力，他们买了房子，明宇提出结婚，可是，圆圆觉得还不是结婚的时候，所以就一拖再拖。房子不大，但经过圆圆一布置，立刻变得温馨多了。圆圆经常幻想婚后的生活，为老公做早餐、收拾衣物、和老公一起看电视……

明宇很宠圆圆，从不让她做家务。可是，慢慢地，圆圆发现，明宇变了，变得不再关心她了，而且还有意无意地回避她的眼神。明宇生日当天，圆圆为他准备了一桌丰盛的饭菜，可是，菜凉了热，热了再凉，明宇始终没有出现。女人是敏感的，对于这样的变化，圆圆岂会不知。圆圆从朋友那里得知，明宇在一次公司聚会上认识了同事的妹妹，两人聊得很开心，也经常联系。在明宇生日那天，他们也确实在一起。一天，圆圆试探性地问明宇："我们结婚吧！"面对圆圆清澈的眼神和突如其来的问题，明宇没有欣喜若狂，而说了一句让圆圆心痛的话："再等等吧，我们还年轻，为什么那么急着结婚。"看着明宇心虚的表现，听着明宇敷衍的话，圆圆没有继续说下去。她知道，眼前的这个男人已经不属于自己了。

也许早就知道会有这么一天吧，当明宇提出分手的时候，圆圆的心虽然很痛，但却没有表现出来。圆圆强忍着，不让自己哭出来。她挤出笑容，对明宇说："祝福你！"然后优雅地转身走了。圆圆的笑也定格在了明宇的心里。晚上，圆圆任由自己哭了一夜，是伤心，同时也是告别的眼泪。第二天，圆圆依然是快乐的，笑着和每个人打招呼。想起明宇时，虽然心中还是会隐隐作痛，但却不会影响到自己的生活。

人们常说女人如水，其实，爱情也如水一般，温度太高，水就会蒸发掉；温度太低，水就会结冰。只有处于恒温时，两个人才能安逸和舒适地相处下去。

当已经不喜欢对方了，却因为不想伤害对方而勉强相处下去，这时候的爱情就像是戴着枷锁一般，让两个人都沉重且压抑。而此时，分手能帮助两个人解脱，失恋不仅能够卸去身上的枷锁，而且还能让你重新展现笑容，这时，你就会有一种释然的欣喜感。

不要因失恋失去了自己

当他（她）不爱你时，不要因此而失去自信。爱一个人是靠感觉的，并不是因为他（她）的优秀或是美丽，这些都不是爱的理由。当他（她）不爱你时，请笑着祝福他（她），因为有爱，所以就不应该有恨。爱是美好的，而恨却是丑陋的，不要让生命中美好的东西变得丑陋。当他（她）选择离开时，他（她）失去的是一个爱他（她）的人。而你失去的只不过是一个不爱你的人。用最美丽的笑容来告别失恋吧，你会得到一个重新生活、重新爱的机会，不要让失恋毁了你甜美的笑容。

阿森和孙菲相恋了，那年阿森23岁，孙菲20岁。没有太多浪漫的言语，也没有什么感动的行为，就是这样，很自然地走在了一起。阿森性格内向，只是默默地关心着孙菲。孙菲性格活泼，总是能把男孩逗得说不出话来，她喜欢看阿森说不出话来，脸红的样子。

在打打闹闹中，他们过了两年甜蜜的生活。他们都变得成熟了，对爱情也有了不同的看法，所以争执也就多了起来。每一次的争吵对于他们的爱情来说都是一次巨大的考验，以前的优点在现在看来也成了缺点。阿森的不苟言笑，现在成了木讷；孙菲的活泼，现在成了放纵。但彼此心里都知道，对方还是爱自己的，只是不再适合做恋人了。

阿森和孙菲和平地分手了。他们来到以前常去的公园里，冬日的公园，显得有些萧条，似乎知道了他们要分手一样。坐在曾经坐过的石凳上，他们回忆着过去。阿森沉默了，孙菲哭了。他们站起来，走向了相反的方向。这时，孙菲突然转身大声说："你一定要幸福！"阿森也转过身说："我一定会幸福的！"孙菲笑着说："说话要算话！"说完转身走了，泪水也止不住地流了下来，但她的心却轻松了。孙菲最后留给阿森的就是那含着泪的笑容，与冬日的寒冷相比，那一抹笑容格外温暖。

既然不能在一起，那么就选择分手。失恋只是一时的痛苦，如果不能在一起却勉强在一起，那就是一生的痛苦。当已经没有爱时，也请不要失态，爱不在了，可也要留给对方一个美丽的背影、一个坚强的笑容。与其让自己在恨里变得面目狰狞，不如让自己在放弃中变得更美丽。把失恋看成是一次恋爱的体验，失恋了才更懂得珍惜，才更懂得爱。

在爱情面前，每个人都想紧紧地抓住它，直到海枯石烂，天荒地老。可是当缘分尽时，光有一颗赤诚的内心是不能够阻止爱情的逝去的。当失恋不期而至的时候，请不要满心伤悲。你失去的不过是一段没有结果的恋情，并没有输掉整个人生，所以千万不要因此失去了自己。相反，你应该庆幸才对，因为对方的拒绝，你才有了再次选择的机会，不至于被一段没有结果的感情苦苦纠缠。

第五节　爱情温暖寒冬

爱情是人生中恒久不衰的话题，也是人们最愿意谈论的话题。爱情的温度让很多处在爱情漩涡的男女都无法理解，时而沸腾，时而冰冷。太热会烧伤了心，太冷会冰透了心。有人说，爱情就像是温度计，时刻感受着温度的变化。

感受爱情的温暖

有人说，当一个人拥有爱情时，在冬天他的体温就会比没有爱情的人高出10℃，因此，当拥有爱情时，冬天都不会觉得冷了。爱情有苦有甜，可是它带给人们的更多的是甜，不然不会有那么多人都想拥有爱情了。当你用百分之百的热情对待爱情时，对方也会以相同程度的热情来对待爱情，那么，即使生活在北极，你们的心依然是热的。

宇浩和诗梦是大学同学，宇浩是土生土长的北方人，而诗梦则是南方人，可是这并不能阻挡他们的爱情。他们一起度过了美好的大学生活，可是现实的问题向他们的爱情提出了挑战：宇浩要回北方发展，而诗梦的父母希望女儿留在南方。可是最后，还是爱情战胜了亲情，诗梦告别了父母，和宇浩来到了一个对于她来说很陌生的城市。可是每当她握着明宇的手时，就感到很温暖，陌生感也渐渐消失了。

宇浩答应诗梦要给她最好的生活，让她一辈子都幸福。明宇很快就找到了一份很好的工作，他很努力地工作着，为的就是让诗梦幸福。诗梦也找到了一份很轻松的工作，两个人在城市里开始构筑他们的美好未来。北方的冬天是寒冷的，从小在南方长大的诗梦对于这样的天气还没有适应。手脚都冻得通红，她觉得自己就像是在一座冰窖里。委屈的诗梦曾想过回家，她实在受不了了。她也因此和明宇吵架了，她跑出了家门。明宇也跟着跑了出来，看到诗梦冻得通红的手，宇浩心疼不已。"对不起，我从来没想过你是否会适应这样的环境，我每天只想着工作而忽略了你，对不起！"宇浩很诚恳地说。诗梦哭了，不知道是委屈还是感动。明宇拉开衣链，将诗梦的手放在了自己的胸前，用自己的体温来温暖诗梦的手。看着宇浩傻傻的做法，诗梦破涕为笑了。明宇将诗梦拥入怀中，用衣服裹着诗梦。"不要生气了，都是我不好，是我对你的关心不够，才会让你受委屈。"宇浩对诗梦温柔地说。感受着明宇的体温，诗梦顿时觉得温暖多了。

大雪不期而至，漫天的雪花为他们的爱情做了最好的见证。他们手牵手走在雪花飘舞的大街上，天虽冷，心却暖。

通过上面的故事我们可以看出，爱情其实很简单，一句简单的问候，

一个简单的拥抱，都可以让对方感到很温暖。冬天因为有雪花的装饰才变得更美，在爱情的世界里，冬天有爱的滋润，所以才变得更浪漫。北方的雪给人一种洁白无瑕、缠缠绵绵的感觉，而爱情就是如此，与一个志趣相投的人谈一场恋爱一定很浪漫。让爱情来为寒冷的冬天增加点温度吧，那将比春天更能温暖人心。

做一个心中有爱的人

冬天给人的感觉是寒冷，阴郁的天气会让人联想到忧伤的东西。冬天在很多人眼里就是萧条与荒凉的代名词，即使是晶莹的白雪也无法驱走他们内心的忧伤。其实，冬天并没有那么可怕，冰雪可以让人的心情变得圣洁与平静，也只有在冬季人们才能体会到温暖的真正含义。爱可以散发出无限的光芒，让蜷缩的人不再寒冷。静静地去感受吧，你会从中感受到世界的美丽与温馨。一个心中没有爱的人，即使不是在冬季，同样也会觉得冷。

南方的冬天通常不会让人感觉到寒冷。雅晴和李凯面对面坐在咖啡厅里，雅晴戴着标志性的白色围巾，因为她喜欢白色，觉得白色很纯洁。李凯也是南方人，不过现在在北方工作，他们是很好的朋友，几乎无话不谈。李凯今天刚刚从北方回来。

雅晴捧着咖啡杯一直转着，这是她的习惯性动作。"我就知道李凯会回来过冬的，我猜得一点儿都没错。"雅晴心中窃喜。

"你还是老样子，一点儿都没变，还是那么漂亮，爱戴白色的围巾，依然喜欢捧着咖啡杯转。"李凯看着雅晴说，"我回来前听小波说你一直不肯放过他，总是嚷嚷着要他教你打篮球，还向他挑战？一个女孩子家，怎么那么喜欢打篮球啊？"

"什么嘛，女孩子怎么就不能喜欢打篮球。怎么样，这次回来准备待多久啊？老朋友们可都说了，不会轻易放过你。还有，你不是答应我，说回来后陪我去打球吗，不会忘了吧，我和小波他们都约好了，一起来一场比赛，我们一定会赢的……"雅晴手舞足蹈地说个不停，像个男孩子一样，不过让人感觉很舒服。

李凯就这样看对面的雅晴，静静地听着。

雅晴喝了一口咖啡，期待地看着李凯。

李凯低头搅着咖啡，说："我可能没时间了，我回来只是看看你们，后天就要走了，我女朋友的父母想让我们在年前结婚，然后就留在北方发展了。以后回来的机会恐怕就很少了。"

雅晴木然地看着李凯，想说什么，却没有说出来。

看着雅晴木然的表情，李凯说："怎么了，不要惊讶，你不也说了吗？我都这么大了，早就应该结婚了。"

"恭喜你。"雅晴不知道自己是怎么说出这句话的，她只觉得自己的心在颤抖。

"走吧，我们去找小波他们，和他们告个别。"李凯对还没缓过神来的雅晴说。

"你去吧，我等会儿还有事！"雅晴找借口推脱掉了。

"那行，那我先走了。"李凯就这样离开了。看着李凯离开的背影，雅晴有种想哭的冲动。原本暖暖的咖啡厅瞬间变冷了，雅晴取下脖子上的白色围巾，脖子也在瞬间冷冰冰的。她的心又是一阵颤抖，不知道是冷还是心痛，或许都有吧。泪悄无声息地从雅晴的脸颊滑过，咸咸的，冰冰的。

雅晴走出咖啡厅，天气不是很冷，但她却觉得透心地凉，在这个冬季，她没开始的初恋就这样结束了。"原来没有爱情的冬季会这么冷。"雅晴看着天空说。

没有爱情温暖的冬天会显得格外的冷，冷到可以让一个人失眠。在寒风肆虐的严冬，什么可以取暖？什么可以驱赶寒冷？或许只有恋人彼此的关心与问候。

经历过爱情的人都知道，有人陪的感觉很好，有人牵挂是一种幸福，有人记得是一种温暖……在冬季拥有一份真挚的爱情，那么就不会觉得冷。

在春光明媚的季节谈一场恋爱固然很好，充满了阳光与朝气，让人觉得很舒服。可是，在冬天开始的爱情却更令人回味，彼此相依，感受对方的温度，让人发自内心地感到温暖。在寒风凛冽的冬季，相拥在一起，比春季的鲜花更让人感到羡慕；在雪花飘落的季节，手牵手走在一起，比春天的阳光更让人感到温暖。

第 5 章

生命就是一刹那的时光——时间与生命

时间只是原始自然的一种状态，悄无声息，却像一束光，永不停歇地走向终极，相对于一切存在尤其是可感知的生命而言，又是一种权威而暴力的驱动，时间的永久向前流逝使得整个生命存在有了新陈代谢和生死界限，而时间的相对性又让人知道这一年你年轻如赤子，转眼你就成了老人，百年于宇宙不过是流星飞逝，却不知苍老了几多容颜。

第一节　时光不断流逝，
生活没有彩排

　　多数青少年朋友都想明白"时间"和"生命的意义"到底是怎样的关系。其实生命的意义是在时间中展开的，个中诠释不过是一种语言的碎片，时间之绵延，生命之流有谁能辨清楚呢？天地不过一指，万物不过一瞬。只有在生命展现的那些现象中抓住几缕光线窥见一丝澄明，这其实足以给人动力无穷了。

　　时间只是原始自然的一种状态，悄无声息，却像一束光，永不停歇地走向终极，相对于一切存在尤其是可感知的生命而言，又是一种权威而暴力的驱动，时间的永久向前流逝使得整个生命存在有了新陈代谢和生死界限，而时间的相对性又让人知道这一年你年轻如赤子，转眼你就成了老头或老太，一百年在宇宙中不过像流星飞逝，却不知苍老了几多容颜。

　　人类在宇宙面前不过是一粒尘埃，实际上，生命的诞生也不过是一种偶然。相对于浩瀚的宇宙，人的生命太有限了，人的思维和能力也并非是无穷尽的，关于宇宙起始及其终结，人类永远无法穷尽所有的真相。而有限的生命和思维如何去思考无限的宇宙，如何去规划无限的未来呢？自然界所有的生命在宇宙面前只是其所安排的秩序中的一小部分，宇宙、自然界也不过是人类演绎历史剧的舞台。因为人太过渺小，人也终究会湮灭在浩瀚宇宙之中，从无到有，从有再到无，这是生命的轨迹。这恰恰让人明白，身心处在这种宇宙之中，没有什么可以值得自赏的，更没有什么烦扰可以值得伤心的。生命从其诞生的那一刻起便已处于不尽的时空流逝与秩序恒定之中了。

时间赋予了生命无限的可能

　　时间的不重复性、不间断性创造并保证了生命的存在，而生命冲动本质上就是纯粹的。真正的时间之流，人的精神还可以真切地体验时间、"超越"时间，包括人的痛苦自身就是时间暴力造就的伤感。只有在时间的流逝中才能体会生命的意义，假如没有时间，可能生命不会诞生和存在；假设没有时间，生命即便诞生也将一开始便是死亡的堆积。

　　时间让生命短暂，无论是个体的生命还是整体的生命都无法脱离这一魔咒，都将随着时间流逝而走向消亡，成为生命的悲剧。而个体生命的诞生与死亡作为一段时间的体验，成为生命的两个时间断点，诞生的意义在于它创造了个体生命的时间，而死亡的意义就在于它终结了个体生命的时间。于是个体生命就成为有始有终有限的存在，这种短暂性使得生命成为一种可贵，同时伴随时间一味向前所决定的生命不可重复性使得每个生命都成为一种唯一。

生命的存在形态和意义

　　然而，人之所以为人，在时间的暴力下却有自己的声音，人既存在于世俗的、现实的生活世界，又拥有感知世界和本体世界，更重要的是人还有自己的精神世界、意义和价值世界。人可以把握自己的命运，可以超越自身生命的有限性，开辟一个属于人的生命空间，这就是人自身的精神世界以及人所感知的彼岸世界，这同时也是人与其他生命形式最大的差别。因而，人的生命就不仅仅是一种自然生命的存在，对于人的生命而言，精神与终极秩序是两个更高层次的存在。人通过精神达到一种超越自然有限性的境界，从而可以实现人的精神生命在时空之中的自由，而终极秩序是高于所有一切的，是世界的主宰，是存在的存在，它总是无所不在，决定着一切秩序的安排，包括时空流转、人类社会存在的秩序还有人的精神世界。

由于只有人的生命可以感知这种终极秩序的存在，人的生命在可感知性上就成为生命与终极秩序存在的中介，因而人的生命在本质上就有了灵肉的分裂："肉"代表着人的自然生命的存在，而"灵"则是终极秩序在人精神世界的体现。

虽然人的生命永远也脱离不了自己的存在处境，也永远脱离不了动物的本性，有种种的欲望和需要。有利益的博弈就有残酷的战争，还有生命自身种种的负累和烦忧，但是人只要为人，就想追求那些高尚的东西，那些成人的东西。这是生命的意义所在，否则要么是行尸走肉的非人类，要么是作恶多端的反人类，都不是一个"人"的意义指向。

生命在时间中不断地展开其可能，生命在时间的境遇中终究会绵延至消亡，不仅个体生命是向死而生，而且全部生命形式也必然不会是一种永恒，相比浩瀚的宇宙存在，所有的生命形式都是有限和相对的，这本身也是生命存在的境遇。

生活不过是一种时间的流逝。你不必汲汲于过去那些烦扰，过去的永远化为了虚无，你也不必沉溺于未来，未来永远都是未来。要做的就是抓住现在，至少这一秒属于你，那一刹那的幸福便是永恒。

不要把遗憾留给过去，更不要把虚妄预设在未来，抓住现在，循着自然之道，明了那些应当，就抓住了属于自己生命的意义，最后才有底气说，我的青春不曾发霉，我的情感不曾荒废，我的年华不曾虚度，我的生命不曾有悔，我无愧于这一生，这是生命的开始和结束都应该有的那种境界。

第二节　时间是生命与财富
中间的等号

当今世界上最能激发起读者阅读热情和自学精神的作家奥格·曼狄诺指出，时间是一切生命存在的形式。生命和时间是相互依靠、相辅相成的，失去了时间，生命就成了虚幻，没有了生命，时间便丧失了意义。时间就是生命，节约时间就是延长寿命。

时间会为你创造无穷的财富，当你学会珍惜时间时，那么便学会了珍惜财富。

重视时间的价值

在富兰克林报社前面的商店里，一位犹豫了将近一个小时的男孩终于开口问店员了："这本书多少钱？"

"1美元。"店员回答。

"1美元？"这个人问，"你能不能少要点儿？"

"它的价格就是1美元。"店员没有别的回答。这位顾客又看了会儿，然后问："富兰克林先生在吗？"

"在，"店员回答，"他在印刷室忙着呢。"

"那好，我要见见他。"这个人坚持要见富兰克林。于是，富兰克林就被找了出来。

这个人问："富兰克林先生，这本书你能出的最低价格是多少？"

"1美元25分。"富兰克林不假思索地回答。

"1美元25分？你的店员刚才还说1美元一本呢。"

"这没错，"富兰克林说，"但是我情愿倒给你1美元也不愿意离开我的工作。"这位顾客惊异了。他心想：算了，结束这场自己引起的谈判吧。他说："好，这样，你说这本书最少要多少钱吧。"

"1美元50分。"

"又变成1美元50分？你刚才不还说1美元25分吗？"

"对，"富兰克林冷冷地说，"我现在能出的最好价钱就是1美元50分。"这人默默地把钱放柜台上，拿起书出去了。这位著名的物理学家和政治家给他上了终生难忘的一课：对于有志者，时间就是金钱。

　　无数的事实都证明了一个观点，成功与失败的界线就在于时间的合理分配上。怎样安排时间，利用好时间是非常重要的，时间如果不好好规划，就会白白浪费掉，就会消失得无影无踪，我们就会一无所成。善于利用时间比善于利用财富更重要，如果想成功，必须重视时间的价值。

　　时间是最长的。它的总体无始无终。星系崩溃成星云，地球出现了江河，大地孕育了生命，原始森林里走出了人类，时间依然年轻。就时间的过去而言，不知流逝了多少。就时间的将来而论，它永无止境。

　　时间又是最短的。此时此刻，我们看了几行字，一分钟便消失了。吸口气，又花了2秒钟。"吃饭的时候，时间从饭碗里过去，默默时，便从凝然的双眼前过去……"

　　时间也是最公正无私的。它对人类亲如儿女。无论是准，每天都有24小时，它不为人们的喜爱而延长，也不为你的厌倦而缩短。

　　比之时间长河，人的一生是那样短暂，然而，就在这流星般的一瞬，有的人如日月生辉，光焰四射，有的人却浑浑噩噩，默默沉沦。

　　一个人所能做的，比他已经做的要多得无法计算。绝大多数人，甚至没有达到自己限度的一半。

　　人类巨大的潜力正待我们去开发，而人的潜力的发挥，很大程度又取决于对时间潜力的挖掘。

时间是死的，人是活的。只能由人去找时间，不能让时间来等人，时间不能"增产"，却可以被"节约"，它不因人们的主观意志而拉长，却可以因浪费而缩短。时间犹如一位公正的匠人，对于珍惜它的人，它会在你生命的碑石上镂刻下辉煌业绩，而对于那些胸无大志的懦夫懒汉，时间却像一个可憎的魔鬼，难以打发。总之，谁对时间越吝啬，时间对谁越慷慨，要时间不辜负你，首先你要不辜负时间，抛弃时间的人，时间也抛弃他。

珍惜时间，请从现在做起。因为昨天已经过去，惋惜也无法追回，明天尚未到来，与其坐待，不如奋起，而今天就在眼前，抓住了今天，既可以弥补昨天的不足，又可以提前迎接明天的晨光。如果用链条把昨天、今天、明天连接起来，那么，今天就是其中心环节。我们要珍惜每个"今天"，尽量压缩生活中每一分的"时间开支"，每当翻开日历的时候，要意识到不能让崭新的这页成为空白。

在生活中，唯有"今天"正在我们手中，真正属于自己。

然而，许多人由于惰性心理，往往今天得过且过，把付出推迟到"明天"。

世上的事，有多少坏在了拖拉、等待、迟疑之上。

一个人即使再忙，每天可支配的零星时间至少也有两个小时。如果你从 20 岁工作，到 60 岁退休，每天拿出 2 个小时来有计划地从事某项有意义的工作，加起来就有 29200 个小时，等于 3650 个工作日，整整 10 年，足以干一番事业。

如果你每天学习五个外语单词，一年就可记 1825 个，坚持十年呢，你就可掌握 18250 个单词。

同时间建立一种新的联系在任何时候都不算晚，无论一个人的年华还剩多少，从你认识到时间宝贵的那天开始，就是驾驭生命的开端。

学会管理时间，就学会了获取财富的方法

时间就是金钱。时间对于每个人来说都是公平的，它给予每个人的都是一样的，既不会多也不会少。所以，如果你学会了管理自己的时间，那么你就学会了获取财富的方法。

在瑞士，婴儿在降生后，医院会立即通过计算机户籍网络给婴儿编号，同时，医院还会将婴儿的姓名、性别、出生时间、家庭住址等输入户籍卡中。由于瑞士的户籍卡格式是统一的，因此，即使是刚刚出生的婴儿也会与成年人一样，有个财产状况的栏目。

有位南美黑客，十分羡慕瑞士的社会福利待遇，所以想把自己刚刚出生的婴儿注册为瑞士籍。于是，他通过非法手段侵入到瑞士的户籍网络，并按照户籍卡之要求逐一填写了有关表格。在填写财产这一栏时，他随便敲入了3.6万瑞士法郎，并沾沾自喜，暗自庆幸自己从此有了一个"瑞士儿子"。

然而没过三天，黑客的所作所为便露了马脚。一位家庭主妇在为自己的孩子注册户口时，不经意间发现前一位婴儿的财产栏目中填写了3.6万瑞士法郎。她觉得十分奇怪，因为几乎所有的瑞士人在为自己的初生婴儿填写所拥有的财产时，写的都是"时间"。他们认为，对于一个孩子，尤其是个刚出生的婴儿来说，所拥有的财富只能是时间，而不会是其他什么别的东西。

南美黑客未曾料到会在这个细节上露出马脚。其实，与其说南美黑客是败露在填写的随意上，倒不如讲他是失败在价值观念上。

瑞士人对财富的看法确实有独到之处。一个人来到世间，最大的财富是什么？说到底就是他的生命，而生命又是以时间来计算的。

巴尔扎克说："从个人角度看，一个人拥有的最大财富就是自己的时间。"所以对于每个人来讲，要珍惜自己的财富——时间，并能有效

地驾驭它，使之在最短的时间内发挥最大的效率。

有句话说得好："有效的时间管理，就是一种追求改变和学习的过程。上帝是公平的，不管是谁，一天永远只能有 24 个小时。"你可以过得很从容，你也可以把自己弄得忙碌不堪，"没有时间"绝对不是借口，那是你自己的选择。

如果你能够很好地安排自己的时间，你就可以去听音乐会，看表演，做自己想做的事情。时间管理的第一个原则是：对每一件事都要尊重，包括对休闲的尊重。心情是可以创造的，时间是可以掌握的，善于安排的人，永远不会喊忙，因为他知道自己要什么，不要什么。

第三节　爱惜时间，做"实效专家"

拥有时间就是拥有财富，珍惜时间就是珍惜生命。没有结果的事就是不值得做的事情。做不值得做的事，会消耗自己做有价值的事的时间，这其实是对生命的一种浪费。

如果你想在社会上有所作为，首先你就得正确地认识时间，对它做出正确的评价。富兰克林说："记住，时间就是金钱。假如说，一个每天能挣 10 个先令的人，玩了半天，或躺在沙发上消磨了半天，他以为他在娱乐上仅仅花了 6 个便士而已。不对！他还失掉了他本来可以挣到的 10 个先令。记住，金钱就其本性来说，不是不能升值的。钱能生钱，而且它的子孙还会有更多的子孙。杀死一头生仔的猪，那就是从源头上断了它的一切后裔，以至它的子孙万代。如果谁毁掉了 5 先令的钱，那就是毁掉了它所能产生的一切，也就是说，毁掉了一座英镑之山。"

将自己的时间合理运用

"时间就是金钱。"对于富兰克林的这句话大家都很熟悉，但是，真正去理解、去重视它的含义的人并不多。我们一般只有在那些成功者的身上才能读懂时间的价值，他们都是驾驭时间的能手，除此之外，社会上的大多数人通常将自己的时间浪费在毫无意义的事情上。

有个游手好闲的年轻人，整天百无聊赖地过日子。一天，他去拜访一位智者，希望智者能够给他的未来指明条道路。

智者问他："你为什么来找我呢？"

年轻人回答道："我至今仍一无所有，恳请您给我指明个方向，使我能够找到人生的价值。"

智者摇了摇头，说："我感觉你和别人一样富有啊，因为每天时间老人也在你的时间银行里存下了 86400 秒的时间。"

年轻人觉得很好笑，说："这有什么作用呢？它们既不可能助我获得别人的尊敬，取得举世瞩目的荣耀，也不可能帮助我拥有锦衣玉食的生活。"

智者听了感到十分失望，于是便问道："难道你不认为它们珍贵吗？那你不妨去问一个刚刚延误乘机的旅客，一分钟值多少钱？你再去问一个刚刚死里逃生的幸运儿，一秒钟值多少钱？最后，你去问一个刚刚与金牌失之交臂的运动员，一毫秒值多少钱？"听了智者的这番话，年轻人羞愧地低下了头。智者继续说道："只要你明白了时间的珍贵，去发现一件自己想做的事情，那你脚下的路便会慢慢清晰起来。你想要的荣誉、成就、锦衣玉食就会自己找上门来。"

上面的故事形象地说明了"拥有时间就是拥有财富，珍惜时间就是珍惜生命"这个道理。每个人每天都有 86400 秒的时间可以支配，如果随心去挥霍，时间就会像风一样从身边溜过，给生活留下遗憾。只有懂得珍惜时间，善于利用时间，人生才会变得绚丽起来。

清代的曾国藩曾经说过："天可补，海可填，南山可移。日月既往，不可复追。"我国古代著名的田园诗人陶渊明也曾这样感叹时间的易逝不易得："盛年不重来，一日难再晨。及时当勉励，岁月不待人。"这些先人的哲言告诉我们：时间是一条永远向前奔腾的河流，永远不要期待能够踏入同一条时间之河，流过去的时间就永远不会回头。

对于时间，你一定要明白，时间是一种不能再生的、特殊的资源，既不能逆转，也不能被贮存，一个人生命的价值就是时间的积累。一个人如果能够活到80岁，他的一生大约有70万个小时。除去幼年的成长受教育期，以及老年的休养期，用于工作的时间可能为40年左右，即15000个工作日，也就是35万个小时。然后，再去掉睡眠、吃饭的时间，那么，最后剩下的时间大约只有20万个小时。因此拿破仑·希尔说："一切节约归根结底都是时间的节约。"

不做任何没有价值的事情

时间的节约靠什么呢？靠效率。效率就是单位时间的利用价值。有效地利用时间，便是效率。无论是优秀的经理还是出色的员工，他们在时间上都是无一例外的"吝啬鬼"。他们一般不会让睡觉、玩耍、闲聊等没有价值的事占用自己太多的时间，相反，他们还会对自己的时间做出最妥善的安排，把时间的浪费降至最低。这就是节约，这就是效率。因此，千万不要浪费时间，尽量不要在那些毫无意义的事情上浪费大部分的时间。

做不值得做的事，会浪费掉自己做有价值的事的时间，这其实是对生命的一种浪费。此外，做不值得做的事，会让自己误认为完成了某件有意义的事情，从而心安理得，常做不值得做的事，不值得做的事就会连续不断，那么，你也就将陷入恶性循环，没时间去做真正值得做的事情了。

美国著名剧作家西蒙说："如果我要写个剧本，在每页都保持故事的原则性，而且能将剧本和其中的角色发挥得淋漓尽致，它会是个好剧本，但不值得花费一两年的时间。"

你要分清楚什么样的事情是根本无果或无价值的事情。按照拿破仑·希尔的观点，如果开始没成功，再试一次还不成功的话就应该放弃，愚蠢的坚持是愚蠢者的行为。他所说的话是针对那些想做件事，却无计划、无毅力，一直做不出名堂的人。因此，对于处在青年时期的我们，从现在开始就该制定明确的计划，努力认真地去完成。

我们难免会遇到这样一些人，他们不仅对于自己的时间满不在乎，同时也不断耽误别人的时间，这样的人是很可恶的。因为，即使你明白了时间的重要性，想好好珍惜每分每秒，恨不得把一分钟当作两分钟来用，可是，有的人却总是三天两头给你打电话，聊些无关紧要的事情或不断找上门来让你帮忙，更有甚者还会到你家中没完没了地坐着聊天，或邀请你一起出去吃饭、喝酒、唱K，你若稍微有点不耐烦的表情，他们还会觉得不高兴。

对于这些人的做法一般还很不好拒绝。因为，其中大多数都是你的亲戚，或者亲密无间的朋友或同事，你们的关系使你拉不下面子拒绝。但是，你要权衡一下，为了维护你的"面子"，你的事业和生命将会遭受怎样的损失。因此，从长远看，不论是为了自己还是为了他人着想，遇到类似的人的时候，你都要学会如何坚决地说"不"！

如果你实在不能大声地说出"不"字来，更好的解决办法是，通过你的行动，明确地让对方知道，"我绝对不是那种轻易浪费时间的人，别人也不要浪费我的时间"。至于采取怎样的行动，因人而异，你可以用自己的聪明才智有针对性地应对不同的人，但是无论采取什么样的行动，一定要做得果断、明了，千万不要模棱两可。

除了以上两种办法，利用等待的时间也是节约时间的一种方式。利用好时间是非常重要的，如果不好好规划一下一天的时间，那么时间就会白白浪费掉，我们就会一无所成。人们往往会说，这几分钟没什么用，那几小时没什么用，真的是这样吗？其实，它们的作用是很大的。或许这种时间利用上的非常微妙的差别，要过几十年才看得出来。

第四节　控制时间，获得
"自由"的生活

古今中外的许多成功人士都非常注重业余时间的价值。即使在经济飞速发展的今天，他们对我们也有许多借鉴之处。

北宋著名学者欧阳修平日公务繁忙，对于读书和写文章，他曾经说过："钱思公喜好读书。坐则读经史，卧则读小说，如厕则读小辞。宋公垂在史院时，每次去茅房都必带书。我平生所做的文章，也多在'三上'，乃马上、枕上、厕上也。"

美国著名作家杰克·伦敦的房间有一种独一无二的装饰品，那就是床头上、窗帘上、衣架上、柜橱上、镜子上、墙上……到处都有的各色各样的小纸条。杰克·伦敦非常喜爱这些纸条，几乎和它们形影不离。这些小纸条上面写满各种各样的文字：有美妙的词汇，有生动的比喻等五花八门的资料。

杰克·伦敦从来都不愿让时间白白地从眼皮底下溜过去。睡觉前，他默念着贴在床头的小纸条；次日清晨起床后，他还是一边穿衣，一边读着墙上的小纸条；刮脸时，镜子上的小纸条为他提供了方便；即使是在踱步或者休息时，他也可以到处找到启动创作灵感的语汇和资料。不仅在家里是这样，外出的时候，杰克·伦敦也不轻易放过业余时间的一分一秒。出门之前，他也会提前把小纸条装放在口袋里，以便随时可以掏出来阅读和思考。

合理利用业余时间

现代人的生活节奏越来越快，许多人都常常感到时间紧张，根本没有时间干许多重要的事。而鲁迅先生曾说过："时间就像海绵里的水，只要愿挤，总还是有的。"实际上正是如此。有人曾专门算过这样一笔账：如果每天临睡前挤出 15 分钟看书，假如一个中等水平的读者读一本一般性的书，一分钟能读 300 字，15 分钟就是 4500 字。一个月下来就是 126000 字，一年的阅读量可以达到 1512000 字。而书籍的篇幅从 60000 字到 100000 字不等，平均起来大约 75000 字。每天读 15 分钟，一年就可以读 20 本书。这个数目是惊人的，远远超过了世界平均阅读量。不妨试着坚持每天睡前挤出十几分钟的时间来阅读，一旦形成了习惯，就很容易长期坚持。

业余时间是可贵的，更是惊人的。据一所世界体育中心调查：一个 70 岁的西方人，一生的工作时间是 16 年，睡眠时间是 19 年，剩下的便是闲暇时间。可见，所谓时间管理，就其本质来说，主要是对闲暇时间的管理。

那么，我们怎样才能做到合理的利用业余时间呢？

☆每天列出计划

确定每天的目标，养成把每天要做的工作排列出来的习惯。每天早晨头一件事是考虑第一项工作，先做起来，直至完毕。再做第二项，如此下去，如果没有全部完成，不要太在意，因为照此办法完不了，那么用其他办法也是做不了的。

☆抓住紧迫性和重要性

紧急的事不一定重要，重要的不一定紧急。当你面前摆着一堆问题时，应问问自己，哪一些真正重要，把它们作为最优先处理的问题。如果你任由自己让紧急的事情左右，你的生活中就会充满危机。

☆将有效的时间运用到极致

如果你把最重要的任务安排在一天里你干事最有效率的时间去做，

你就能花较少的力气，做完较多的工作。何时做事最有效率，各人不同，需要自己摸索。

☆分清主次，全力以赴地完成最重要的任务

重要的不是做一件事花多少时间，而是你有多少不受干扰的时间。全力猛攻，任何困难都可迎刃而解，零打碎敲，往往解决不了问题。一次只能考虑一件事，一次只能做一件事。

☆下班或放学前的 10 分钟

许多人快到下班时间就心不在焉了。其实，下班前的 10 分钟是"黄金时间"，用好了，可以起到"承前启后"的作用。

△整理办公桌。下班前将办公桌整理得干干净净，才算真正结束一天的工作。

△整理备忘录。备忘录上记载了一天的工作摘要，包括当天会见的人士，新获得的名片资料，等等。内容多半繁杂无章，故在一天工作结束前将它整理一下。

△检查工作表。当天应进行的工作项目，已完成的做上记号，对未完成的项目也做到心中有数。

△拟定次日的工作表。把当天的工作表检查完毕后，接着列出次日应进行的工作项目，拟订工作表，此时可参照备忘录，以防疏漏。

有效的时间管理，是一种追求改变和学习的过程。"没有时间"绝对不是借口，那是你自己的选择。

集中精力做最核心的事情

一个人的时间和精力是非常有限的，所以只有集中精力做最重要的事情才能够取得成功。如果一会对这个有兴趣，一会又去做那个，那么最终只会白白浪费了时间，到头来落得一无所有的可悲下场。

一天，时间管理专家为一群商学院学生讲课。他站在那些高智商高学历的学生前面，说："我们来做个小测验。"说着拿出一个一加仑的广口瓶放在他面前的桌上。

随后，他取出一堆拳头大小的石块，仔细地将它们一块块地放进玻璃瓶里。直到石块高出瓶口，再也放不下了。他问道："瓶子满了吗？"所有学生应道："满了。"时间管理专家再问："真的？"他伸手从桌下拿出一桶砾石填满下面石块的间隙。"现在瓶子满了吗？"他又一次问道。但这一次学生有些明白了："可能还没有。"一位学生应道。"很好！"专家说。他伸手从桌下拿出一桶沙子，开始慢慢倒进玻璃瓶。沙子填满了石块和砾石的所有间隙。他又一次问学生："瓶子满了吗？""没满！"学生们大声说。他再一次说："很好。"然后他拿过一壶水倒进玻璃瓶，直到水面与瓶口持平。抬头看着学生，他又问道："这个例子说明什么？"

一位心急的学生举手发言："它告诉我们：无论你的时间表多么紧凑，如果你确实努力，你可以做更多的事！"

"不！"时间管理专家说："那不是它真正的意思。这个例子告诉我们：如果你不是先放大石块，那你就再也不能把大石块放进瓶子里。"

集中你的精力做最核心、最有生产力、最能实现目标的事情，因为你的时间在哪里，你的成就就在哪里。

法国生物学家乔治·库唯说："天才就是不断的注意。"用心和注意力高度集中与一个人的某项工作或事业是否能够取得成功有直接关系。著名科学家牛顿在工作中能用心集中注意力，才能取得巨大的成就。牛顿每次做实验时，总是通宵达旦，有时一连好几天都待在实验室里，不接见客人和来访者，直到把实验做完为止。

法国著名作家巴尔扎克年轻的时候，曾由于生意经营不善，致使生意破产。为此，巴尔扎克不得不搬进一间位于贫民窟里的小屋，并反思自己的失败是因为一直游移不定，今天对这个感兴趣，动手试试，明天又改行做别的，始终没有精力从事自己最喜欢的文学创作。因此，巴尔扎克下决心排除杂念，把所有精力都放在写作上。后来，巴尔扎克果然在文学上取得了巨大的成功。

通过巴尔扎克的例子我们可以得知，无论你是想当科学家还是文学家，做事都要把精力集中在一件事情上，一件事做完后再做另外一件，才有成功的可能。

商场经理来到专卖渔具的柜台前进行突出检查，他问一位售货员："你这里今天来的顾客多吗？"

"不多！经理。"售货员轻声地回答道。

"不多是几个？"经理的语气带着明显的不满。

"一个。"售货员低声回答道。

"你是怎么搞的？才一个顾客，你是不是只卖给了他一个1美元的普通钓钩？"经理的语气充满着浓浓的火药味。

"不是这样的，总共卖了38293美元。"

"一个顾客就买了这么多东西？是真的吗？"经理的脸立即由多云转晴，他甚至拍了拍售货员的肩膀。

"首先，我卖给了那位先生一个普通钓钩。"售货员解释道，"接着卖给他一根钓杆和一只卷轴。然后我问他打算到哪里钓鱼，他说想去海里，所以我建议他最好拥有一条自己的船，那样既方便又可以带上家人。那位先生同意了，于是又购买了一条20米的小型汽艇。为了把那艘汽艇拉走，我带他到商场的汽车销售部，卖给了他一辆微型汽车。"

"你真的卖了那么多东西给一个只想买鱼钩的顾客？"经理仍然有些不相信地问。

"不是的，那位顾客最先没有买鱼钩的意思，他本来是到旁边的柜台为他患偏头疼的夫人买药的。我在旁边听到他和那位售货员的对话后，就上前对他说：'先生，你的太太身体欠佳，工作之余，你如果有空，不妨带她去试试钓鱼，郊外的空气比城里新鲜，肯定对她的身体有好处。先生你也一定比我清楚，治病有两种方式，一种是用药物从肌体上治疗，就像你现在买阿司匹林给你的太太一样；

另一种就是精神治疗，比如垂钓，这也能达到一定的效果。如果两种方式同时用，效果应该是惊人的。'事情的整个过程就是这样的。"

"干得棒极了！小伙子。如果我们每个员工都像你这样，那商场的竞争力就会大大增加了。"

如果你想让自己成为出色的人，就必须用心和集中精力去做一件事。那些一次专心地做一件事，不让自己的思维随便转移到其他事情上或做了一半又放下的人，做什么都比别人更容易获得成功。专心、用心，集中精力做好一件事，比同时做几件事更容易成功。但很多人却没有意识到这一点，他们喜欢一会儿干这，一会儿干那，做什么事都是三分钟热度，结果有时连一件简单的事情都做不好。

任何人的精力都是有限的，不可能同时做好几件事，但可以一次做好一件事。正所谓"学业有先后，术业有专攻"，如果你记住这一点，并在工作中加以应用，就会更容易受到身边人的青睐。

第五节　规划时间，让有限的生命绽放无限的精彩

俗话说："昨天是一张过期的支票，明天是一笔不能取用的存款，一切只有从今天开始。"合理计划时间，力求以最少的时间完成最多的工作，这样才能收获更多的效益，赢得更多的财富。

科学安排时间和获取时间的方法

每个人的生命和精力都是有限的，珍惜时间就是珍惜生命。但是，

现实生活中，时间"富翁"实在太多：有人一张早报能看上一上午，有人能将所有的闲暇时间都用来玩游戏，有的人将业余时间花在了睡觉上，更有的人将宝贵的时间耗费在酒桌的推杯换盏上。事实上，一个人即使能活到80岁，不过才两万多天，一天浪费一个小时，那么，一生浪费的时间就是一千多天。

林普济是一名外科医生，他每天用于睡眠的时间只有5小时，除了生病，一般都是在晚上11点以后休息，上床后只需几分钟就可以入睡，一直睡到清晨5点30分。中午一般都不睡觉，除非前一天夜里工作得太晚。林医生白天的时间全部用来诊治病人、做其他分内工作以及获取各种医药卫生方面的资讯。晚上的时间用于写作和学习外语、电脑。

对于不同的事情进行分段处理，一般的琐事，如写信、整理内务等，通常利用各种空隙的零碎时间来完成，至于写作，则安排晚上的大块时间来完成，以减少思维被中途打断。

只有科学地安排时间，我们才能更有成效地利用时间。以下是林医生为我们提供的几条关于如何科学安排时间的建议。

◇不要赖床

赖床是很多人都有的坏习惯，如果每天赖床10分钟，一年就要浪费60个小时，算算一生将浪费多少时间！

◇减少间断

9个人开会，每人打断议程一次需要5分钟，9个人就是45分钟。

◇避免无序

把事情归类分档，才能提高处理速度。避免不分主次，眉毛胡子一起抓。

◇克服拖延

这是人的惰性所决定的，它会使你越来越没有信心。解决的最佳方法是马上行动，成功的事情便会越来越多。

◇方向错误

避免方向有误，需要不断检查自己的价值观、人生观，不断调整自己的步伐和方向。

◇包打天下

认为自己无所不能，无所不知，是人生的又一大忌。只有知道无知，才能有知，只有承认自己无能，以后才会有能。

◇负面情绪

坏情绪不仅会严重影响工作效率，甚至会酿成大错。保持一个好情绪，才能把工作做得更出色。

只有科学地安排时间，我们才能更有成效地利用时间，在同样的时间里，有的人忙而无功，有的人效率却出奇的高。出现这两种截然不同的现象的根源，就在于有的人懂得赢取时间的方法，知道如何科学地在有限的时间内做出更有效率的工作来。

英国著名学者赫胥黎说："时间最不偏私，给任何人都是24小时；时间也最偏私，给任何人都不是24小时。"

鲁迅也说一句类似的名言："时间，每天得到的都是24小时，可是一天的时间给勤勉的人带来智慧与力量，给懒散的人只能留下一片悔恨。"

在相同的时间里，有的人徒劳无获，有的人却能收到事半功倍的效果，出现这两种截然不同的现象的根源，就在于有的人懂得赢取时间的方法，知道如何科学地在有限的时间内做出更有效率的工作来。下面列举出如何赢取时间的9种方法：

△把该做的事依重要性进行排列。比如这件工作，你可以在周末前一天晚上就安排妥当，正所谓："凡事预则立，不预则废"。

△每天早晨比规定时间早一刻钟或半个小时开始工作。这样，你不但树立了好榜样，而且有时间在全天工作正式开始前，好好计划一下。

△开始做一件工作前，应先把所需要的资料、报告放在桌上，这样将免得你为寻找遗忘的东西浪费时间。

△把最困难的事搁在工作效率最高的时候做，例行公事的任务应在精神较差的时候处理。

△养成将构想、概念及资料存放在档案里的习惯，在会议、讨论或

重要谈话之后，立即录下要点。这样，虽事过境迁，仍会记忆犹新。

△训练速读。想想看，如果你的阅读速度增快两三倍，那么办事效率该有多高？这并不难做到，书店及外界都有增进你这些能力的指导训练书籍。

△利用空闲时间。它们应被用来处理例行工作，假如有位访问者失约了，也不要呆坐在那里等下一位，你可以顺手找些工作来做。

△琐事缠身时，务必果断地摆脱它。尽快地把事做完，以便专心致志地处理较特殊或富有创造性的工作。口述时，只说重点，其余就让秘书或助手来替你做，只要让他们知道你期待他们做什么事就可以了。

△管制你的电话。电话虽然不可缺少，但不能完全被他人占用。在拿起电话前，先准备好要用的东西，如纸、笔、姓名、号码、预定话题及资料等。

歌德曾经说过："善于利用时间的人，永远找得到充裕的时间。"工作就是如此，如果你不懂得科学地管理时间，合理地安排自己的工作，时间和高效率就会抛弃你。

一个不懂得管理时间的人，只会把80％的时间花在不重要的活动上。为了避免这种结果，你必须找出一种可行的方法来管理你的时间。有特色的方法不见得全都能提升效率，想出几种，然后挑一个最适合你的个性的方法来进行时间管理。

二八法则管理时间

80/20法则又称为二八法则，是可以运用在我们生活中的某个方面的一个有趣的法则，如果将这一法则用在时间管理上，你会发现有意想不到的收获。

我们只运用了我们20％的时间，对于聪明人来说，通常一点点时间就造成了巨大的不同。依80/20法则的看法，如果我们在重要的20％的活动上多付出一倍时间，便能做到一星期只需要工作两天，收获却可比现在多60％以上。

弗莱德从事顾问事业赚得千万财富。他并非商学院出身，却有能力设立一个成功的大公司，公司上下除了他以外，几乎每人一星期都要工作 70 小时以上。弗莱德很少进公司，每月只与股东开一次会，而且是全球股东都得参加的会议，他比较喜欢把时间用来打网球和思考。他以强硬手腕管理公司，但从不大声讲话，他通过五个主要部属来掌握公司的一切。这就是他的管理方法。

蓝迪，原是位陆军中校。全公司里除了创立者以外，他是唯一一个不是工作狂的人。他前往另一个遥远的国家，在那儿有一个快速成长的公司，员工主要来自家乡，工作非常努力。没有人知道蓝迪如何运用时间，也不知道他的工作时间是多少，但他的确逍遥自在。

蓝迪只参加重要客户的会议，其他事务则授权给年轻合伙人处理。蓝迪虽是公司领导者，却不管任何行政事务。他把所有精力拿来思考如何在与重要客户的交易中增加获利，然后再安排用最少人力达到此目的。蓝迪的手上从不曾同时有三件以上的急事，通常一次只有一件，其他的则暂时摆在一旁。

用二八法则来表述就是：80% 的成就，是在 20% 的时间内取得的；反过来说，剩余的 80% 时间，只创造了 20% 的价值。

许多人根据直觉即可明白这个道理，而千百个忙碌的人并不知道学习管理时间，他们只是瞎忙。

如果要你把自己最宝贵的 20% 的时间拿出来，去参加一场别人认为你会参加的会议，或去做同伴都在做的事，或是去观察你所扮演的角色。不论是哪一项，你可能都不愿意。因为对你而言，上述这几件事都不必要。

如果你采取传统的行动或解决方式，那么你就逃不出 80/20 法则的预测，而把 80% 的时间花在不重要的活动上。

为了避免这种结果，你必须找出一种可行的方法来管理你的时间。问题是，倘若你不想被排除在世界之外，你能离传统多远？有特色的方法不见得全都能提升效率，想出几种，然后挑一个最适合你的个性的方法来进行时间管理。

80/20 法则认为，应该把重点放在 20% 的重要时刻上，而应削减不重要的 80% 的时间。执行一项工作计划时，最后 20% 的时间最具生产力，因为必须在期限之前完成。

讲究方法才能有效率

只有方法正确，效率才更高，有方法才能有效率。有的人用一天才能完成的工作，别人几个小时就可以完成，那是因为找到了适当的方法。企业需要更大的收益，提高劳动效率成了必然的选择。

有位科学家曾经说过："无头绪地、盲目地工作，往往效率很低。正确地组织安排自己的活动，首先就意味着准确地计算和支配时间。"然而，很多人却充当着"消防员"的角色，自觉或不自觉地把大部分时间用于处理急事，他们每天都在处理危机、四处救火。每天下来，他们总是身心疲惫不堪，但并没有干成几件要事。

为了"救火"，他们根本没有时间去处理该处理的问题，去思考最应该思考的要事。不是他们不想做重要的事，而是他们把大部分精力和时间花掉了，以至到最后不得不办时，早已错过了处理事件的最佳时机。如此日复一日的恶性循环，让自己像一个"危机管理人"那样，完全被大小事务控制住了，由此失去了驾驭工作和生活的主动性。

18 世纪，天文学家在火星与木星之间找到了一颗小行星。为搞清它究竟是行星还是彗星，便请数学家计算它的运行轨道。"数学泰斗"欧拉计算了三天三夜，当数据出现时，他的右眼因劳累过度而失明了。与欧拉同时接受计算任务的数学家高斯，首先革新了欧拉行星运行轨道的计算方法，引入了一个八次方程，仅花 1 小时就得出了更加精确的结果。1901 年 2 月 1 日，人们循着高斯计算的运行轨道，终于找到了这颗小行星——谷神星。

高斯深有感触地说："若是我不变换计算方法，我的眼睛也会瞎的。"

所以说，有方法才能有效率。有的人用一天才能完成的工作，别人几个小时就可以完成，那是因为找到了适当的方法。企业需要更大的收益，提高劳动效率成了必然的选择。可怎么来提高呢？

这就需要企业从科技入手，提高机器的效率；从管理入手，提高人员的工作效率等，因为这些都是企业获取更大收益不可避免的问题，与提高劳动效率有着密切关联。

有一次，美国华盛顿广场杰斐逊纪念大厦的某处墙面出现了裂纹，为了保护好这幢大厦，有关专家进行了专门研讨。

最初大家认为损害建筑物表面的元凶是侵蚀的酸雨。为此，专家们设计了一套套复杂而又详尽的维护方案。

但是经过进一步研究，却发现最直接的原因，是每天冲洗墙壁所用的清洁剂对建筑物有酸蚀作用。为什么要每天冲洗墙壁呢？

是因为墙壁上每天都有大量的鸟粪。为什么会有那么多鸟粪呢？是因为大厦周围聚集了很多燕子。为什么会有那么多燕子呢？是因为墙上有很多燕子爱吃的蜘蛛。为什么会有那么多蜘蛛呢？是因为大厦四周有蜘蛛喜欢吃的飞虫。为什么有这么多飞虫呢？是因为开着的窗子阳光充足，大量飞虫聚集在此，超常繁殖……

由此，专家们发现解决的办法其实很简单，只要拉上大厦某一面的窗帘，一切问题即可迎刃而解。此前设计的那些复杂的维护方案，也就都成了一纸空文。

只要拉上窗帘就能节省每年几百万美元的维修费用，这就是系统思考带给我们的启示。我们处理问题时，如果能从看似不相干的东西中找出必然的联系，往往能够收到事半功倍的效果。注意事物与事物之间的联系，把看似毫无关联的事物作为一个整体来观察、研究、找出它们之间的真正联系，这是寻找解决问题的方法的一条好途径。而找到了解决问题的方法，那实施起来就很容易了，问题也会很快地得到解决，效率自然也就出来了。

不幸的是，许多人确实试图延长他们的工作时间，以完成更多的工作。但那是没有用的。工作不是固体，它像是一种气体，会自动膨胀，并填满多余的空间。因此，时间管理专家并不鼓励你为解决时间问题而延长工作时间。例如，一个计划到下班时还没写完，也许你会自然地对自己说"我会在晚上把它写完"，因为你把晚上当作了白天的延伸。但这样做不仅影响家庭和社会生活，它还降低了工作效率，你成了整个事件中的受害者。

时间是公平的，卓越的企业并不能获得更多的时间。但是，有些人用同样的时间却做了比别人更多的事。这些人显然更有掌握时间的窍门。这种窍门是我们可以获得的，它可能成为高效能人士最有价值的工作方法。

从某种意义上可以说，效率胜于完美，时间决定成败。完美主义的人常因过度在意无法达到百分之百，反而使得不完美的部分愈来愈多。在这个变化迅速的时代里，你必须做的计划和工作就像百米跨栏一样，你不应该碰倒跨栏，但是少碰倒跨栏不会有额外的加分，不必为了刻意追求不碰倒跨栏的完美而打乱节奏、消耗体力，从而输掉了整个比赛。同理，如果你所做的计划需要在很短的时间内跨过很多跨栏，那么你花费太多精力在第一个跨栏上，就会筋疲力尽，而没有多余的力气完成剩下的部分，同时，你的速度也会减慢。

最好的跨栏选手会仅以细微的差距跳过跨栏。其中的秘诀就是运用高效的方法赢得胜利。

第 6 章

境遇伴随心态的转变而改变——心态与生命

西方国家流行这样一句谚语："要么你去驾驭生命，要么就是生命驾驭你。你的心态决定谁是坐骑，谁是骑师。"对于成长中的青少年来说，心态是一种很奇妙的东西，虽然看不到摸不着，却常常能够决定事情的成败，甚至决定人生的方向。拥有积极的心态，能够使人们充满精神和力量，去获得成功和财富、幸福和美满。青少年作为未来社会的主导者，更应该正确地把握自己的心态，不要让自己看事情的角度偏离轨道，否则人生的整个航程都会处于一种"晕船"的状态，找不到东南西北。

第一节　好的心态是命运之船
的掌舵手

　　西方国家流行这样一句谚语："要么你去驾驭生命，要么就是生命驾驭你。你的心态决定谁是坐骑，谁是骑师。"对于成长中的青少年来说，心态是一种很奇妙的东西，虽然看不到摸不着，却常常能够决定事情的成败，甚至决定人生的方向。拥有积极的心态，能够使人们充满精神和力量，去获得成功和财富，幸福和美满。青少年作为未来社会的主导者，更应该正确地把握自己的心态，不要让自己看事情的角度偏离轨道，否则人生的整个航程都会处于一种"晕船"的状态，找不到东南西北。

态度决定成功概率

　　一位刚从师范学院毕业的学生被分配到某小学一个班级担任班主任。在第一堂课上，他没有一上来就教学生们生词和课文，而是对他的学生们说："同学们，我们来做个游戏！"孩子们一听到游戏一词，全都来了兴致，想看看到底是什么新鲜玩法。"孩子们，我给你们每人都发一张小卡片，如果这张卡片利用好了，对你们的将来会有很大好处。"

　　不一会，每个学生都拿到一张巴掌大小的卡片，学生们先是看了看这不起眼的小卡片，然后齐刷刷地用疑惑的眼神望着老师。

　　"现在听我指挥，把你认为自己做不好的事写在卡片上。"老师说道。

学生们满脸疑惑地互相看了一下，然后纷纷拿起笔来。班上一位名叫紫美的小女孩写道：我成绩不好，我不会三级跳远；我想与兰馨交朋友，但是她有点高傲，我不知道怎么样才能让她喜欢我；我总也搞不懂分数是怎么回事……很快，小卡片的正反两面都被紫美写满了，其他同学也都和紫美一样。

"来，孩子们，下面我们去操场集合。"老师紧接着又发出指令。

在操场边缘墙角的地方，老师让学生们每个人挖一个小坑。

"好，现在把'我不能'都埋在墓穴里吧！"

"我不能？"紫美当下领悟过来，把自己的小卡片放在小坑中，细心地掩埋了。然后她堆起一个小小的坟包，还采来好多野花放在上面。

"现在，孩子们，我们来一起哀悼。'我不能'在世的时候，经常让我们胆小、自卑，阻碍我们去做自己想做的事情，更阻碍我们的进步。现在，它已经死了，被埋掉了，我们绝不再说'我不能'三个字，因为它已经从我们的生活中消失了。"

同学们相互之间看了看，一个个脸上都露出了欣喜的笑容，站在同学中间的紫美也是一样，当天晚上，紫美在日记中写道："今天，我终于和兰馨成了好朋友，她虽然高傲，但数学成绩特别不好，我正好可以帮助她。下午的体育课上，我终于学会起跳了，虽然没别的同学跳得那么远，但我终于学会三级跳远了，而且我还发现跳远很好玩，我尤其喜欢助跑的时候，一跃而起的感觉……"

一个人若想有所作为，得到身边人的认可，就必须保持良好的心态。尽管有时候你所面临的事情是十分棘手的，但一定要坚信：没有什么事情是做不好的。不要以为态度是可有可无的东西，如果你一开始就认定这件事不会成功，那么它成功的概率当然很小。如果你时常想着幸福，那你就有可能很幸福，可以说是心态起了很大的作用。

态度决定人生方向

很多时候，正是由于我们自己内心的失落、灰暗、消极的心态导致我们经常抱怨生活，与快乐背道而驰。假如现在你觉得十分口渴，突然看到桌子上有半杯水，那么你是会伤感地说："唉，为什么只有半杯水。"还是会乐观地说："太好了，够我解渴的了。"很显然，前者是悲观的，而后者则是乐观的，水的量并没有改变，改变的只是人看待问题的态度而已。如此看来，悲观的人不是总感到痛苦不堪，而乐观的人则总是可以感受到快乐吗？聪明的青少年们，你们会选择做哪一种人呢？

两个考古学家准备结伴同行去沙漠进行考察，可是令他们没有想到的是，他们在沙漠里迷了路，延误了回家的日期。这一天夜里，他们又试图从沙漠中走出，水壶中的水早就喝完了，两个人感到十分疲惫，又渴又饿。此时，一个人问另外一个人："你现在脑子里在想什么？又看到了什么？"那个人喃喃地回答道："我似乎看到了我正走在死亡的道路上，还看到了死神在一步一步地向我靠近。"这个人一听，笑着说："我和你不一样，我现在看到的是满天的繁星，多么美丽呀！还有我那可爱的妻子和儿女正在等我回家的面孔，多么温暖呀！"

结果，那个说看到死亡的人果真死在了沙漠，就在离绿地不远的地方，他因为看不到希望而用刀子匆匆结束了自己的生命。另一个考古学家则依靠着星星的方位和对家人的期待，成功地走出了沙漠，最终还成为人人敬仰的大人物。

也许有人要问，难道这两个人不仅仅是考古学家，还是绝顶聪明的预言家吗？他们怎么能够知道以后的事？其实，他们不是预言家，导致截然不同的命运的原因就在于心态的不同。心态能够改变一个人的命运，假如这个活下来的考古学家也有消极的心态，那么想必他活着走出沙漠的可能性也不大。因此，作为国家栋梁之材的青少年，也应该培养自己积极的心态，创造出完美的人生结局。

关于态度决定人生方向这一课题，科学领域也给出了科学的答案。科学家们经过研究后发现，人的心灵分为意识和潜意识两部分，当"意识"决定要做什么时，潜意识则做好所有的准备。也就是说，意识操控着我们的想法，而"潜意识"决定着我们的做法。因此，那些总是拥有积极心态的人，往往会有更加成功的人生。正如潜意识训练大师苏埃尔·皮称克所说："成功人士始终以最积极的心态，主动地认识自我，用最乐观的心态和最成熟的心态，支配和控制自己的人生。"

> 有三个工人在一起砌墙，此时一个过路人问道："你们在做什么？"第一个工人抬起头望了望他，漫不经心地回答道："难道你看不出来吗？我正在砌墙，真是多管闲事。"第二个工人笑着对过路人说："我们正在盖一幢楼房，它建成后一定会是所漂亮的房子。"第三个工人则自信又真诚地说："啊，我们正在建一座城市，美丽即将从我们手中诞生！"
>
> 若干年后，第一个工人仍然在跟着建筑工队一处又一处地砌墙，还是一个贫穷的泥水匠；而第二个工人则坐在办公室中不停地设计图纸，此时的他已经成为一位著名的工程师；第三个工人更加了不得，他自己开办了一家房地产公司，成为该公司的总裁，是前两个工人的顶头上司。

同样的起点，可是终点迥然不同，仅仅过了若干年，三个人的命运就发生了如此截然不同的变化。究竟是什么原因在起作用？答案只有两个字：心态。一个人的心态决定了他具有什么样的追求和目标，当他的目标高远宏大时，必然会为之付出加倍的努力，因此第二个和第三个工人才有了后来的发展，而第一个工人依然止步不前就在意料之中的了。

对青少年来说，好的心态其实就是一种心理感受，我们虽然不能避免生活中的很多外来因素，但完全可以调节自己的心态去改变心理感受，尽量地将其调适到最佳的状态。良好的心态可以使人们在绝望中抓住希望，在痛苦中看到光明，在烦恼中找到乐趣，在失望中得到快乐。拥有一个良好的心态，比起拥有千军万马更加气势恢宏。天才和伟人之所以能更快地取得成功，不是因为他们智商高，不是因为他们技能熟练，更无关乎他们的身体素质，而是因为他们有着与众不同的心态。青少年只要能够保持乐观向上和不屈不挠的心态，同样可以为自己的人生增添几抹辉煌。

青少年是祖国的未来和希望，当然更需要积极的心态来创造人生，让自己的命运更加美好。换一种心态来看待事情，便能得出全新的理论，换一种角度来解答题目，就会有意想不到的收获。换一种心态，人生之花将会开得更加灿烂，即使摇曳在寒风疾雪中，依然绚丽耀眼。

第二节　生也有涯，人生就要
知足常乐

在现实生活中，人生的道路崎岖坎坷，关于实现自己的理想，不是每个人都能如愿以偿的。有的人面对挫折和失败，常常怨天不识英才，怨自己怀才不遇，为什么别人的命运那么好？金钱、荣誉、地位什么都有。要知道，人生没有十全十美的，人各有命，一个人的能力有大有小，是不可以随便和别人进行攀比的。生活的最高境界是心情愉快，金钱并不是唯一的目标，生命中还有很多比金钱更重要的东西。比如，一个健康的体魄，一个知心的爱人，一个甜蜜温馨的家庭，一份自己钟爱的事业，这些并不是用金钱的多少来衡量的。所以，我们应该做个知足的人，知足才能常乐。知足的人能够珍惜自己拥有的一切，能够从现有的生活中获得最大的乐趣。知足的人是幸福的，因为他们眼里没有攀比和忌妒，不会拿别人的成功来贬低自己。

有一个年轻人，老是哀叹自己的命运不好，发不了财，整天愁眉不展。这一天，走过来一个鹤发童颜的老者，问："年轻人，你为什么不快乐？"

"我不明白，为什么我总是这么穷。"

"穷？你很富有嘛！"老者由衷地说。

"这从何说起？"年轻人问。

老者反问道："假如现在斩掉你一个手指头，给你1000元，你干不干？"

"不干。"年轻人回答。

"假如斩掉你一只手，给你1万元，你干不干？"

"不干。"

"假如使你双眼都瞎掉，给你10万元，你干不干？"

"不干。"

"假如让你马上变成80岁的老人，给你100万，你干不干？"

"不干。"

"假如让你马上死掉，给你1000万，你干不干？"

"不干。"

"这就对了，你已经拥有了超过1000万的财富，为什么还哀叹自己贫穷呢？"老人笑吟吟地问道。

年轻人愕然无言，突然什么都明白了。

朋友，假如你早上醒来发现自己还能自在地呼吸，你就比在这个星期中离开人世的人更加幸运。如果你从来没有经历过战争的苦难，没有被囚禁的孤寂，没有忍饥挨饿的痛楚……你已经好过世界上6亿人了。如果你的冰箱里有食物，身上有足够的衣服，有屋栖身，你已经比世界上60%的人更富有了。

根据联合国相关数据显示，截止到2004年，世界上有36个国家正陷于粮食危机当中，有8亿人处于饥饿状态，第三世界的粮食短缺问题尤为严重。在发展中国家，有两成人无法获得足够的粮食，而在非洲大陆，有三分之一的儿童长期营养不良。全球每年有600万学龄前儿童因饥饿而夭折。

与那些因饥饿而死亡的儿童相比，很显然我们是幸运的。所以不要再抱怨世界的不公了，更不要为自己得到的比别人少而郁郁寡欢了，因为你现在拥有的可能正是数以万计的人所梦寐以求的。所以，请珍惜你现在所拥有的一切吧。如果你还时常怨天尤人，你可能会连你拥有的东西都失去。

不要有忌妒心理

亚里士多德在雅典吕克昂学院教学期间，经常与学生们一道探讨生命的真谛。一天，一位学生问他："先生，请告诉我，为什么心怀忌妒的人总是心情沮丧呢？"亚里士多德答道："因为折磨他的不仅有他自身的挫折，还有别人的成功。"可见，心怀忌妒的人受着双重折磨，所以，人生在世，一定要有一颗平静祥和的心，千万不能心怀忌妒。俗话说："己欲立而立人，己欲达而达人。"别人有所成就，我们不要心存忌妒，而是要合理地看待别人所取得的成功，这才是幸福人生的诀窍。否则，只会使自己在别人成功的喜悦中沦丧，忌妒心强的人到了一定程度甚至会加害别人，最终害人又害己。

快乐乃人生之本，所以，人应该拥有积极向上的人生观，应该拥有一颗平常心，不因为别人比自己强就愤愤不平，更不应该因为忌妒而伤害他人。在生活中要怎样去避免忌妒心呢？先来看看下面的故事。

古时候，有一对心胸狭隘的夫妻，常常为一点儿小事就争吵不休。有一天，妻子做了几样好菜，想到如果再来点儿酒助兴就更好了。于是她就拿瓢到酒缸里去取酒。

妻子探头朝缸里一看，瞧见酒中倒映着自己的影子。她以为是丈夫对自己不忠，把女人带回家藏在缸里，就大喊起来："喂，你这个死鬼，竟然敢瞒着我把女人藏在缸里。如今看你还有什么话说？"丈夫听了糊里糊涂的，赶紧跑过来往缸里瞧，他一见是个男人，不由分说地骂起来："你这个坏婆娘，明明是你领了别的男人回家，暗地里把他藏在酒缸里，反而诬陷我！""好哇，你还有理了！"妻子探头往缸里看，见还是先前的那个女人，以为是丈夫戏弄她，不由勃然大怒，指着丈夫说："你以为我是什么人，任凭你哄骗吗？你，你太对不起我了……"妻子越骂越气，举起手中的水瓢就向丈夫扔去。丈夫侧身一闪躲开了，见妻子不仅无理取闹还打自己，也不甘示弱，于是还了妻子一个耳光。这下可不得了，两人打成一团，又扯又咬，简直闹得不可开交。

最后闹到了官府，官老爷听完夫妻二人的话，心里顿时明白了大半，就吩咐手下把缸打破。一锤下去，只见那些酒汩汩地流了出来，缸里也没见半个男人或女人的影子。夫妻二人这才明白他们妒忌的只不过是自己的影子而已，心中很是羞愧，于是就互相道歉，又和好如初了。

世人都会有一种成功的渴望，有一种强于他人的冲动，这也是社会所希望的。但是，生活中人们往往会因此产生一种由惭愧、怒愤等组成的复杂感情，这就是忌妒，就是人们常说的"红眼病"。这对夫妻就是在见到自己的影子时，毫不加思考分析就被忌妒冲昏了头脑，伤了和气。

活着就要心存感恩

感恩不仅是生活中的大智慧，更是一种绝妙的处世绝学。没有一帆风顺的人生，生活中的种种失败、无奈都需要我们勇敢地面对，并豁达地处理。面对挫折与失败，如果只是一味地抱怨生活，人生将从此变得一蹶不振。英国著名作家萨克雷说："生活就是一面镜子，你笑，它也笑；你哭，它也哭。"感恩不是一种心理慰藉，也不是对现实的逃避，更不是阿Q的精神胜利法。感恩，是一种歌唱生活的方式，它源自对生活的爱与期盼。如果在我们的心中培植一种感恩的思想，则可以沉淀许多的浮躁、不安，消融许多的不满与不幸。

英国一个僻静的小镇上，有一眼据说很灵验的泉水，可以医治百病。这一天，一个少了一条腿，拄着拐杖的退伍军人很吃力地走过镇上的马路。旁边的镇民看到他，不禁说道："可怜的人啊，难道他想祈求上帝再给他一条腿吗？"恰巧这句话让退伍军人听到了，他对镇民说："我并不是想祈求上帝再给我一条腿，而是请他帮助我，告诉我在没有了一条腿的情况下，也知道如何生活。"

生活总是现实的。那个军人之所以没有绝望，是因为他知道自己并没有失去一切，他怀有一颗感恩的心。别以为自己是不幸的，其实幸运与不幸以不同的方式存在于我们之间。如果在你拥有时认为那是理所应当，那么你在失去之后也应该平静接受。就像那个少了一条腿的退伍军人，忘记过去直面未来，学会感恩。

现实生活中，我们经常会见到一些不停埋怨的人，"真糟糕，今天的天气怎么这样差""真倒霉，今天出门碰见一个乞丐""倒霉啊，钱包丢了，手机又坏了"……这个世界对他们来说，永远没有快乐的事情，高兴的事被抛在了脑后，不顺心的事却总挂在嘴边。无时无刻，他们都有许多挥之不去的烦心事。不仅把自己搞得烦躁异常，而且也把别人搞得鸡犬不宁。

事实上，很多人所抱怨的事并不是什么大不了的事，在日常生活中那些都是经常发生的一些小事情。但是，明智的人一笑而过，因为有些事情是不可避免的，有些事是人力无法改变的，有些事情是无法预知的。能补救的则需要尽力去挽回，无法转变的就要坦然处之，最重要的就是要做好眼前急需做的事情。

有些人把太多事情归为理所当然，所以心中毫无感恩之念。既然是当然的，何必感恩？一切都是如此，他们应该有权利得到的。其实正是因为有这样的心态，这些人才会过得一点也不快乐。

曾听到身边的朋友说道："我厌倦我的生活，我讨厌我生活中的一切，我必须做一点改变。"事实上，这些人必须改变的是他们不知感恩的态度。如果一个人不懂得享受自己已有的，那么就很难获得更多，即使是想得到自己想要的，也不会享受到真正的乐趣。

生活中，我们常思考怎么样才是最好的，但往往会事与愿违，使我们不能平静。我们必须相信：目前我们所拥有的，不论顺境、逆境，都是最好的安排。若能如此，我们才能在顺境中感恩，在逆境中依旧心存欣喜。

> 一天，一位乡下汉子在过桥时不慎连人带小四轮拖拉机一头栽进一丈多深的河中。谁知，眨眼的工夫，这位汉子像游泳时扎了一个猛子般从水里冒了出来，围观的人将他拉了上来。上岸后那汉子竟没有半丝悲哀，却哈哈大笑起来。
>
> 人们惊奇，以为他吓疯了。有人好奇地问他："笑什么？"
>
> "笑什么？"汉子停住笑反问，"我还活着，而且连皮毛都没伤着，难道不值得笑？"

活着是人生中最值得庆幸的事情。只有懂得了这个道理，人生才会充满感恩，才会充满快乐。因为活着，所以我们应该感恩。感恩是一种宽容和豁达，是一种伟大的情操。只有拥有一颗感恩的心，我们的人生才会变得更加美好。

第三节　退一步海阔天空，
　　　　宽容照亮人生

孔子说："己所不欲，勿施于人。"其实，先哲的观点从侧面告诫世人，一个人应该拥有一颗宽容的心，一种宽容的态度。实际上，试着让自己宽恕他人，学会忘记仇恨，让心绪变得平和，使自己能理解别人，是一个宽容的人必须具备的。这样的品质能让我们变得更有魅力，使我们更受他人的欢迎。子张曾向孔子请教："人应该如何为官呢？"孔子回答说："水至清则无鱼，人至察则无徒。"孔子的意思是说水太干净，鱼儿不能生活，对人的要求太高就不会有朋友了。所以，做人要尽量能容人之短，只有这样，你才能赢得下属的尊敬，赢得更多的朋友。

一战期间，有一个士兵，他大声喊叫："消灭那个该死的对手。"可是他懊恼地发现自己所冒犯的人是约翰·约瑟夫·潘兴上将。当这个列兵结结巴巴地道歉时，潘兴上将轻轻拍拍他的后背说道："没关系，孩子。"上将的形象没有被列兵的亵渎所伤害。发怒的人是愚蠢的，生气的人替别人的过错承担痛苦。当一件事情发生时，要么去宽容，要么去解决，生气只是一种浪费。

金无足赤，人无完人。我们应该有能容人之短的胸襟。太阳上都有黑子，人世间的事情就更不可能没有缺陷。在现实生活中，不成功人士喜欢揭人之短，或是使其他人失去心理平衡。他们也许会想，此刻朋友们和同事们会对他的机敏与智慧留下深刻的印象，事实却往往适得其反。

美国众议院著名发言人萨姆·雷伯说："如果你想与人融洽相处，那就多多原谅别人的缺点吧。"包涵别人的缺点，你才能期待别人也能同样地对你。

一天，几个人冲进总统的办公室，向他提出一项抗议。为首的是个议员，他的脾气很大，开口就用难听的话咒骂总统，而这位总统却显得异常平静。他知道，现在做任何解释，都会导致更激烈的争吵，这对于坚持自己的决定很不利。他一言不发，默默地听这些人叫嚷，任他们泄尽自己的怒气。直到这些人都说得精疲力竭了，他才用温和的口气问："现在你们觉得好点了吗？"

那个议员的脸立刻红了，总统平和而略带讥讽的态度使他觉得自己好像矮了一截，他仿佛觉得自己粗暴的指责根本站不住脚，而总统可能根本就没有错。

后来，总统开始向他解释自己为什么要做那项决定，为什么不能更改，这位议员并没有完全听懂，但他在心理上已经完全服从于总统了。他回去报告交涉结果时，只是说："伙计们，我忘了总统所说的是些什么了，不过，可以肯定他是对的！"

总统仅仅凭着他宽阔的胸襟就打了一个完美的胜仗。其实，宽容不仅是一种美德，更是一种人生的境界。宽容不仅仅是表面上的压制，更多的是内心的真正容忍。

曾连任数届日本首相的佐藤荣作，在其卸任前所举办的最后一次记者招待会上，面对记者们的提问突然翻脸，把记者们全数哄出会场。这件偶发的不愉快事件使几十名记者下不来台。

招待会刚开始时，佐藤还谈笑风生，甚至和记者们大开玩笑，谁也没有料到，后来会出现那种尴尬万分的场面，是什么原因使得佐藤首相做出如此失态之举呢？原来平日里，佐藤就对某些记者的恶意抨击或歪曲本意的不实报道怀有强烈反感，因而耿耿于怀，并扩展到对所有记者们的不满。久而久之，形成成见，最终的爆发使他损失惨重。

佐藤的行为看似出人意料，但从心理学的角度来说，这也是必然的。当一个人对某人或某事产生反感或怒意时，表面上由于理智的作用，可能极力隐瞒压抑，使之不露于外。因此佐藤可能平时对记者们不满，甚至想狠狠地揍他们一顿也未可知，但是他身为一国首相，地位显赫，他不敢莽撞；他的良知也不断地提醒他，不得如此冲动。然而，人类抑制感情的能力终究是有限度的，当成见发展到一定程度，又遇到"合适"的机会时，这种"厌恶"的感情就会爆发，将压抑许久的不满之情倾盘泄出，在这种情况下，可以想象对方将是一种什么样的窘态。

可见，做一个大度的人是多么的重要，我们在潜心求学的同时，不妨也来修身养性，培养自己宽大、豁达的心怀，对于别人的缺点尽量包涵。

宽容就要忘记仇恨

在我们对自己的仇人心怀怨恨时，就等于给了他们制胜的力量。给他机会控制我们的心情、睡眠、胃口、血压，乃至我们的健康。如果我们的仇人知道他带给我们这么多的烦恼，他一定会高兴得手舞足蹈。

怨恨损伤不了对方一根毫毛，却把自己的日子弄得狼狈不堪。莎士比亚说过："仇恨的烈焰会烧伤自己。"有记者曾报道了一件关于健康的文章。内容是这样："高血压患者最主要的个性特征是容易仇恨，长期的愤恨造成慢性心脏疾病，导致高血压的形成。"等到你领悟了"爱你的敌人不只是道德上的训诫"这句话时，那么你宣扬的也是一种养生之道了。

美国警方曾报道过这样一则新闻：一位西餐店老板，因和厨师意见不合，一怒之下竟掏出左轮手枪追杀厨师，结果却造成自己心力衰竭撒手人寰。验尸报告中的死因是：因愤怒引发心脏病而死。在现实生活，医生经常会给严重的心脏病人以忠告，告诫他们不论发生任何情况都不能生气。因为心脏是人的命脉，心脏衰弱的人，很可能会因发脾气而一命呜呼。医学界还有这样一条定论：经常仇恨的人最容易衰老。

相信每个人都看过一些女士因为怨恨而脸上生皱纹，由于悔恨而表情僵硬的场景。这时，再好的整形外科大夫对她们容貌的改进也远不及因宽恕、温柔和爱意所能改善的一半效果。

懂得用宽恕代替指责

著名的心理学家史京勒通过动物实验证明：由于表现好而受到奖赏

的动物，在训练时进步最快，耐力也更持久；由于表现不好而受处罚的动物，其速度或持久力都比较差。这个原则同样适用于人类。我们用批评的方式并不能改变他人，反而常会因此引起愤恨。

汉斯·希尔是一位著名的心理学家，他说："太多的证据显示，我们都不喜欢受人指责。许多事实证明，因批评引起的愤恨，常常会使员工、家人和朋友情绪低落，做事没有精神，而对于应该改进的状况，却一点儿作用也不起。"

美国前总统罗斯福和塔夫脱之间发生过一场大的争论，并且由于他们的互相攻击导致了共和党的分裂，而伍德洛·威尔逊借机成功入主白宫。受到抨击的塔夫脱曾含着眼泪说："我不知道我所做的一切到底错在哪里？"

很多人做错事时只愿意责备别人，绝不责备自己。我们要明白：批评好像是家鸽，最后总会回家。我们需了解我们要矫正及谴责的人，都会为他自己辩护，并反过来谴责我们。

懂得宽容自己

很多时候我们只想着如何宽容别人，但却忽略了一个重要的事实：宽容自己与宽容他人同样重要。

有一个失恋的男孩，割了自己的手腕，被父母发现送去医院。获得新生的他问自己："我真是一无是处吗？为什么连最爱我的恋人都厌倦了我？"他与女友相识4年，恋爱3年。在他眼里，她是那么优秀，而自己则像一个向公主乞求爱情的丑小鸭。于是，他不停地做美容，近似疯狂地购买最时髦的衣服，不停地问她是否爱他。终于有一天她厌倦了，对他说："我们分手吧，这样我们都会轻松一些。"

男孩没有错，一个人为他所心仪的人而付出爱，是非常幸福的事；男孩也有错，他在爱情中迷失了自己，以至于为这份美丽的爱情增加了额外的负担。将心比心，一个连自己都不喜欢的人，你还指望谁来真正地喜欢你呢？

现代社会充满着竞争，现代人有太多的忧愁、烦恼，有太多的不尽人意。其实，这都无须过于在意，最重要的是让自己不断地成长并强大起来，善待自己，宽容自己。

不要斤斤计较

孔子上街被人踩了一脚，他非但不怒，反而还对踩他的那个人说："对不起，我的脚挡住你了。"孔子的弟子见后非常不解。孔子对弟子说："君子要以德报怨，以德报德。"孔子说这话的含义就是叫人处事时心胸要豁达，用君子般的坦然姿态面对一切，千万不可以斤斤计较。

在现实生活中，当自己的利益和别人的利益发生矛盾，利益和友情不可兼得时，首先要舍利取义，宁可自己吃点儿亏，也只有如此才能结识更多的知己。

一位住在山中的禅师，有一天趁夜色到林中散步。当散步归来时，他发现自己的茅屋遭小偷光顾，找不到任何财物的小偷要离开的时候在门口遇见了禅师。

原来，禅师怕惊动小偷，一直站在门口等待，他知道小偷肯定找不到任何值钱的东西，早就把自己的外衣脱掉拿在手上。小偷遇见禅师，正感惊愕的时候，禅师说："你走老远的山路来看我，总不能让你空手而归呀！夜凉了，你带着这件衣服走吧！"说着，就把衣服披到小偷身上，小偷不知所措，低着头溜走了。禅师看着小偷的背影穿过明亮和月光，消失在山林之中，不禁感慨地说："可怜的人呀！但愿我能送一轮明月给他。"说完之后，就看着窗外的明月，开始了打坐。

第二天，他在阳光温暖的抚触下，从极深的禅室里睁开眼睛，看到他披在小偷身上的外衣被整齐地叠好，放在门口。禅师十分高兴，喃喃地说："我终于送了他一轮明月！"

当你心胸开朗、神情自若的时候，看到那些蝇营狗苟、一副小家子气的人，就会觉得他的表演实在可笑。但是，凡人都有自尊心，有的人自尊心特别强烈和敏感，因而也特别脆弱，稍有刺激就有反应，轻则板起脸孔，重则马上还击，结果常常是争了面子没面子。

试想一下，当你说我笨的时候，我还笑着说谢谢你的提醒，你还会与我争执吗？当然不会，人们常说："举拳难打笑脸人。"多一点儿包容忍让之心，凡事不锱铢必较，我们的路自然就会越走越宽，朋友也就越交越多了，生活也会更加充实。

第四节　适时放弃是一种智慧

中学课本里孟子的一篇《鱼我所欲也》告诉我们一个关于人生取舍的道理：鱼和熊掌不可兼得，做人必须要有所选择，有所放弃。很多时候，放弃是明智者的选择，选择是明智者对放弃的诠释，放弃是选择的跨越，学会了选择和放弃才能获得一份成熟，懂得放弃机会的胆识有时比选择机会更重要。

放弃是一种获得

常常钓鱼的人都知道，要想钓到大鱼就必须用香甜可口的食物做鱼饵。同样的道理，一个人要想在某些方面获得成功就必须在其他方面有所牺牲。

有这样一个故事：聪明的农夫知道老鼠会来偷吃仓库里的粮食，所以事先设置了一个可以让老鼠空腹进去的小洞，只要老鼠随便吃一点粮食就钻不出来，到时就可以"瓮中捉鳖"。老鼠不知道农夫的计谋，看到有这种便宜可占，便一狠心饿了两天，顺利地钻入了粮仓，而当它美餐一顿后却怎么也爬不出来了，最后被农夫消灭。

生活不是单纯的取与舍，不要斤斤计较失去的，有时得到的比失去的更可贵。幸福的人只记得一生中的满足之处，不幸的人只记得相反的内容。选择一棵树而放弃森林，这是另一种珍惜。放弃是为了更好地选择得到，在扬弃中进行新一轮进取，做出正确的取舍，才能把握命运。生活有时候会逼迫你，不得不改换爱好，不得不撇开友情，甚至不得不抛下爱情……

生活的过程就是一个选择的过程，你不可能什么都得到，所以你必须学会放弃。

如果一个人每一次都要选择成功，那么他所得到的将是永远的失败。是的，试图抓住每一次机遇的人是徒劳的。争取，对可能来说，是成功的帆；对不可能来说，势必会是南辕北辙。尤其是遇到追求的目标不可能实现时，果断地放弃不失为一种明智之举。

学会放弃，你便可以在负重的人生中得以暂时的休息，使整个身心沉浸在一种轻松悠闲的宁静之中。学会放弃，你便可以以充沛的精力去做你最想做、最该做、最愿意做的事情。学会放弃，你便可以在一种无怨无悔和默默无闻的等待中使自己的心灵得到一份超脱、一份执着和自信。

放弃，并不是自认失败，而是在寻找成功的契机。今天的放弃是为了明天的得到，凡是多余的、次要的、该放弃的都要放弃。放弃，使你为期待的目标失去了好多，有些甚至是很珍贵的，可你却不后悔，因为你知道，没有放弃，就不会有更牢固的拥有和获得。

这是一家公司招收新员工时的一道测试题。

在一个风雨交加的晚上，你开着一辆车，经过一个车站。有三个人正在等公共汽车。一个是快要死的老人；一个是医生，他曾救过你的命，是你的恩人，你做梦都想报答他；还有一个女人（男人），她（他）是那种你做梦都想娶（嫁）的人，也许错过就没有了。但你的车只能再多坐下一个人，你会如何选择呢？请解释一下你的理由。在你看下面的话之前请仔细考虑一下。

我不知道这是不是一个科学的测试，因为每一个回答都有其原因。

老人快要死了，你首先应该考虑要救他。然而，每个老人最后都只能把死作为他们的终点站，你或许会先让那个医生上车，因为他救过你，你认为这是个好机会报答他。

同时有些人认为一样可以在将来某个时候去报答那个医生，选择自己心爱的人。因为一旦错过了这个机会，有可能永远不能遇到一个让心动的人感动的机会了。

在200多个应征者中，只有一个人被雇用了，他并没有解释他的理由，他只是说了以下的话："给医生车钥匙，让他带着老人去医院，而我则留下来陪我的梦中情人一起等公车！"

几乎所有的人都认为这个人的回答是最好的，但许多人一开始却想不到。是否是因为我们从未想过要放弃我们手中已经拥有的优势（车钥匙）？有时，如果我们能放弃一些我们的固执、狭隘和一些优势的话，我们可能会得到更多。

拿得起，放得下

我们每个人都有很多想要的"宝贝"，但你不可能什么都得到，在某些时候一定要学会拿得起、放得下。拿得起是勇气，放得下是肚量，拿得起是可贵，放得下是超脱。只要你心无挂碍，什么都看得开、放得下，何愁没有快乐的春莺在啼鸣，何愁没有快乐的泉溪在歌唱，何愁没有快乐的白云在飘荡，何愁没有快乐的鲜花在绽放！

歌德说："一个人不能永远做一个英雄或胜者，但一个人能够永远做一个人。"这里，"做一个英雄或胜者"，指的便是"拿得起"时的状态；而"做一个人"，便是"放得下"时的状态。

有一个关于猴子的故事：

多年以前，猎人为了抓住猴子，选了一种细口瓶，里边放了猴子爱吃的花生米，放在猴子经常出没的地方。猴子发现了花生米，伸手进去拿。结果抓了花生米，握成拳头状的猴手却退不出来。猎人出现了，猴子拼命逃跑，套在手上的瓶子严重影响猴子逃跑速度。其实猴子只要松手，就可以摆脱瓶子，但它的习性却是只要抓紧东西便再不肯放手，结果便是为了一把花生米，而终生失去了自由……

人们常说一个人要"拿得起，放得下"，而在付诸行动时，拿得起容易，放得下难。所谓放得下，是指心理状态，也就是我们常说的要敢于放弃，就是遇到千斤重担压在心头，也能把心理上的重压卸掉，使之轻松自如。

放弃不是颓废，不是厌世，而是一门学问。人生在世，忙忙碌碌，疲于奔波，我们常常被强烈的愿望所驱赶，不敢停步，不敢懈怠，也不敢轻言放弃。背上包裹越来越多、越来越沉，而我们什么都不愿放弃，因而，当收获越来越多的时候，身心也越来越累。

在现实生活中，放不下的事情实在太多了。比如做了错事，说了错话，受到上级和同事指责，以及好心帮人却被误解受到委屈，于是心里总有个结解不开，放不下，等等。有些人这也放不下，那也放不下，想这想那，愁这愁那，心事不断，愁肠百结。这些心理负担有损于健康和寿命。有的人之所以感觉活得很累，无精打采，未老先衰，这就是因为他们习惯于将一些事情吊在心里放不下来，结果把自己折腾得疲劳而又苍老。

人们常说："举得起放得下的是举重，举得起放不下的叫负重。"为了你前面的掌声和鲜花，学会放弃吧。放弃之后，你会发现，原来你的人生之路也会变得轻松和愉快。

要有"失之淡然"的心态

有一个非常酷爱陶壶收藏的人，收集了无数个茶壶，只要听说哪里有好壶，不管路途多远一定亲自前往鉴赏，如果看中意了，而对方愿意割爱，花再多钱他也舍得。在他所收集的茶壶中，他最中意的是一只龙头壶。

这天，一个久未见面的好友前来拜访，于是他拿出这只茶壶泡茶招待这位朋友。二人开心地畅谈着，朋友对这只茶壶所泡出的茶赞不绝口，因此好奇地将它拿起来把玩，结果一不小心将它掉落到地上，茶壶应声破裂，屋子里陷入一片寂静，每个人都为这巧夺天工的茶壶惋惜不已。

这时这位收藏家站了起来，默默收拾这些碎片，将他交给一旁的下人，然后拿出另一只茶壶继续泡茶说笑，好像什么事也没发生过一样。事后，有人就问他："这是你最钟爱的一只壶，被打破了，难道你不难过、不觉得惋惜吗？"收藏家说："事实已经造成，留恋碎壶又有何益？不如重新去寻找，也许能找到更好的呢！"

人的一生，有很多东西是需要我们放下的。一个人在社会上风雨兼程的几十载，会遇到山山水水，苦辣酸甜，有所得必然有所失，只有放下，才能拥有一份成熟，才会活得更加充实、坦然和舒心。

从前，有一个人背着一筐碗赶路，不小心有一只碗掉到地上撞碎了，可是那个人却头也不回地继续向前走。路人喊住他问："你不知道你的碗摔碎了吗？"他回答："知道呀。"路人又问："那为什么不回头看看？"这个人说："既然碎了，回头有什么用？"说完他又继续赶路。

既然碗都摔碎了，回头看又有什么用呢？这才是豁达的人生态度。我们就应该有这种放得下的境界。这就如人生中经历的失败一样，既然已经无法挽回，再去惋惜悔恨也于事无补，而且还劳心伤神。与其在痛苦中挣扎浪费时间，还不如重新找到一个目标，再一次奋发努力。

第五节　诚实守信是成大事的"绿卡"

人们常说："君子一言，驷马难追。"做人要有诚信，诚信乃为人的根本，没有信用的人将一事无成。年轻人待人要真诚，做事更要讲信义。要做到诚信，我们就应该在许诺之前进行衡量，要量力而为，切不可草率地承诺他人。另外，在失信之后勇于承担责任也是讲诚信的一方面。

做人做事最要讲一个"诚"字，古人所谓"精诚所至，金石为开"，正是至理名言。

拿交友来说，如果你不是诚心相待，再老实巴交的人被你骗过一次，第二次即使还上你的当，第三次也会见你如瘟神一样。这时你的损失将不仅是失去一个朋友，而是大部分人对你的信任。例如做生意，你不老实，以次充好，你暂时取得一点利益，但损失的将是你的信誉，那是用多少金钱、花多少时间也买不回来的东西。做学问的人也一样，最忌讳哗众取宠、华而不实，只有老老实实地收集原始材料，脚踏实地地进行分类研究，才能拿出对社会有用的科学成果。

诚信待人，人将以十倍甚至百倍的真诚来待你。古往中外的各种名人事例无一例外地印证了这个道理。

当年秦孝公唯才是举，重用商鞅变法，秦国从此强大；刘邦要不是求贤若渴，怎换来萧何、张良、韩信为他打下汉家天下？刘备三顾茅庐，换来的是诸葛亮为他运筹帷幄、攻城略地、谋划天下的忠心。

真诚是人生的通行证

真诚不是智慧，但是它常常放射出比智慧更绚烂的光芒。有许多我们凭智慧千方百计也得不到的东西，凭借真诚却轻而易举就得到了。

以真诚待人，并不是为了要别人也以真诚回报。如果动机是以自己的真诚换回别人的真诚，这本身已不够真诚。真诚也是一种高尚品德，它不该含有任何杂质。

真诚，有时也许会使你的利益受到损害，即便如此，你的心灵深处会是宁静；虚伪，有时会使你占到便宜，即便如此，你的心灵深处仍会是不安。

真诚不一定要告诉别人。如果别人理解你那份真诚，你不说别人也知道；如果别人不理解你的那份真诚，表露它往往会把事情弄得更糟。

有时，我们受到了别人的欺骗，这是生活在告诉我们：什么是不真诚。而并不是告诉我们：应该放弃真诚。

首先是不去骗人，其次是不受人欺骗，把握这两点，我们就可以堂堂正正地做人了。

永恒的真诚换回的只会是短暂的虚伪，永恒的虚伪换回的只会是短暂的真诚。

成为一个真诚的人，你会感到身心都很轻松；而一个虚伪者，他常常会感到精神的疲惫。轻松下去，你会不断地为一种愉悦的氛围所包裹；疲惫下去，你将被不断袭来的沮丧情绪所笼罩。

真诚是人生的通行证，有时候你可能会遇到挫折，但凭着这张通行证，你最终会走向人生的彼岸。因为误解只是暂时的，你人格的力量最终会征服众人。

音乐大师梅日组有一个真正的知音，他不是政府要员，也不是大资本家，而是日本街头一个捡破烂的小孩儿。只因为这个被上流社会遗弃的小孩儿对梅日组的音乐表现出了真情。

这个故事是真实的。这个小孩儿只为了听一场自己喜爱的音乐会，不惜花掉用以维持生活的钱，而且，没有为了维持生活将梅日纽赠送的乐器卖掉。可见，他对梅日纽是何等真诚。

在现代社会，随着物质生活的日益丰富，一部分人渐渐丧失了待人真诚的理性，他们精神底板上刻着"欺骗"、"占有"或者根本就是空白。他们当中有的人欺骗亲人，出卖朋友，损人利己，使人与人之间竖起了一堵墙。这堵墙使得人听什么都是谎言，看什么都是虚假，家家户户的防盗门越来越坚固，越来越复杂。

他们当中的有钱人虽不会去偷，不会去抢，但却真的是穷得只剩下钱了。他们花大钱买高级包厢听音乐会，只不过是因为生活太过无味，去凑凑热闹，沾点世界大师的光罢了。不被梅日纽当作知音也是理所当然的。

没有诚信这张通行证，夫妻之间便会不和，同事之间就无法合作，商人之间就做不成生意，国家之间就会引起战争。

一个人要去洗澡，他在路上碰到一个很好的朋友，便邀这个朋友和他一起去洗澡，他的朋友说："我还有事。不过，我可以陪你到澡堂门口。"但是在第一个路口朋友一声不响地走开了，一个小偷却跟了上来。到了澡堂门口，那个人把小偷当成了朋友，将钱包交给他保管。这时候，小偷的心跳得不停，他想走，可不知为什么却走不了——是他的良心捆住了他，最后，他决定等那个人出来。那个人从澡堂出来后，小偷便迎上去把钱包交给他，他们相互拥抱，小偷觉得心里舒服多了。

其实人人都有真诚的一面，只要真诚还没有被虚伪所掩盖。

真诚需要敞开心扉

我们主张知人而交，对不很了解的人，应有所戒备；对已经基本了解、可以信赖的朋友，应该多一点信任，少一些猜疑，多一点真诚，少一些戒备；对可以信赖的人，真真假假，闪烁其词，含含糊糊，是不明智之举。

著名的法国作家哈伯雷先生说："一个人只要真诚，总能打动人，即使人家一时不了解，日后也会了解的。"他还说："我一生做事，总是第一坦白，第二坦白，第三还是坦白。绕圈子，躲躲闪闪，反易叫人疑心。你要手段，倒不如光明正大，实话实说，只要态度诚恳、谦卑、恭敬，无论如何人家不会对你怎样的。"以诚待人，会在可以信赖的人们之间架起心灵之桥，通过这座桥，打开对方心灵的大门，并在此基础上并肩携手，合作共事。自己真诚实在，肯表露真心，"敞开心扉给人看"，对方会感到你信任他，从而消除猜疑、戒备，把你作为知心朋友，乐意向你诉说一切。

每个人的思想深处都有内向封闭的一面，同时又希望获得他人的理解和信任，具有开放的一面。然而，开放是定向的，即向自己信得过的人开放。以诚待人，能够获得人们的信任，发现一个开放的心灵，争取到一位用全部身心帮助自己的朋友。这就是用真诚换来真诚，如果人们在发展人际关系，与人打交道时，能用诚信取代防备、猜疑，就能获得出乎意料的好的结局。

以诚待人，要坦荡无私，光明正大，一旦发现对方有缺点和错误，特别是和他的事业关系密切的缺点和错误，要及时地指正，督促他立即改正。虽然人不喜欢被批评，但当别人认识到批评者确实是为自己着想，便能理解接受，使彼此的心灵得以沟通，友情得到发展。

以诚待人，应当知人而交，当你捧出赤诚之心时，先看看站在面前的是何许人也，不应该对不可信赖的人敞开心扉。否则，适得其反。

精诚所至，金石为开

有一句成语，"精诚所至，金石为开"，是说凭着真心诚意可以解决很多难题。

有一位出版商，在刚开始工作时，一直希望能有个名作家的著作让他出版，但他没什么资本，一直不敢去和那些作家接触。可是他实在太渴望了，有一天，便抱着他从报上剪下来的某位作家的文章，硬着头皮去拜访那位作家。他坦白地说明自己的状况，也表明了出书的意愿，这位作家不置可否，但也没有给他坏脸色看。他无功而返，过了一个月，他又去看那位作家，诚恳地说明他的想法，就这样去了 10 次，前后经过了半年，他获得了这位作家一本新作。

这就是"精诚所至，金石为开"，也就是"真心诚意"的力量。

"真心诚意"的力量为何如此大？这是无法用科学方法去加以分析的，只能说，"真心诚意"是一个人真实内心的自然涌现，所以能直接感动对方，和对方内心的真实情感产生共鸣和交流，而且超越了现实利益的层次。

"伸手不打笑脸人""见面三分情"，这是人都有的一种感情，真心诚意除了可解除对方的武装之外，更可在对方的感动中激起他的同情心，因而松懈了他自己的立场，"看他那么真心诚意，就接受他的要求吧"。因为如果拒绝，自己多少也会自责，认为自己太无情了，因而难过半天。这是人性中"善"的作用，是很奇妙也很微妙的现象。

第六节　强大的信心是成功的有效动力

俗话说："良好的信心是成功的一半。"一个人如果没有自信，成功就会变得遥不可及。一个充满信心的人懂得不断给自己鼓励，一往无前。我们应该用充足的信心迎接挑战，相信自己是强者，用强者的心态和姿势去面对一切。纵观历史的长河，多数失败者之所以会失败，究其原因，并非由于无能，而是因为没有信心。缺乏信心，实际上是由于放弃了争取实现可能性的努力，使可能变成不可能。

成功从自信开始

正是自信心的存在才让人们创造了这个世界。世界上有很多的人营养不良，差别就在于程度不一样。同样地，世界上信心不足的人也有很多，也只是有着程度的不同。营养不良使人的身体无法正常发育，信心不足，则使人的才能无从发挥。你要相信自己，你要对自己的能力有信心。

每个人都有一个梦想，每个人都渴望成功，每一个人都幻想得到一些最美好的事物。谁也不会喜欢巴结别人，过平庸的生活。

寸有所长，尺有所短，每个人对自己都应该有信心。信心是一种人格特质，也是一种平静稳定的心理现象，更是一个人成就自己的美德。信心满者，必然会有大成功；信心乏者，只能有小成功；无自信者，则没有成功。

信心十足的人，总是显得稳健安定，仪态优雅，从容机智；缺乏信心的人，则诚惶诚恐，优柔寡断。信心是精神生活的舵手，它将把握我们生活的方向；信心是生活的发动机，它让我们无坚不摧，一往无前。

1980年5月，新西兰人李特和另外五人，从斐济群岛的威第雷佛出发，共搭一艘仅长四米的机帆船，到离岸15千米的暗礁上旅游。六人在万里无云的南太平洋上，观赏五颜六色的凌娅瑚，海面平静，晶莹诱人。下午3点钟，他们启程返航，就在笑声不绝的时候，海面突起风浪，将小艇打翻，几个人被抛入海中，情势十分危急。

大家惊恐慌乱起来，有人主张游回暗礁，有人建议弃船游回威第雷佛。大家七嘴八舌，各执一词。这时，比尔插话了，他是一个有经验的冲浪救生会会员，精于海上脱险逃生技术，是位信心十足的人。他打断了大家的话，坚定地说："最要紧的是我们不要离开船。大家聚在一起还有希望，万一分开，我们只有靠个人的力量，而鲨鱼和海浪随时会把我们吞掉。大家一定要采取团体行动，发挥团队精神，保持必能生还的信心。"

大家听到比尔的话里充满信心，都接受了他的建议。众人齐心合力把小船翻正，只有舱顶露出水面。这个摇摇晃晃的船体是他们求生的唯一希望。他们在水里共推着船前进，轮流进入舱内休息。翻倒的船由六个人缓缓向前推着，比尔不断地鼓舞大家，同伴中只要有人不支，就到船舱里休息一会儿，让别人推着走。经过 18 个小时的艰苦奋斗，才游回了岸边，众人死里逃生。

李特等人的求生力量源自信心，如果他们没有了信心，最终不可能全部生还。

有人说，信心好比是左右我们一生成就的调温器。这句话颇有道理。一个平庸的原地踏步的人，总觉得自己不重要，成就不了什么大事，因而他扮演的始终是可有可无的小角色。这样的人，从他的言谈、举止、行为中都显示出缺乏信心。实践证明，否定自己是一种消极的力量，它常常使人走向失败之途；而一个有信心的人，则常常踏上成功之路。

信心使人战胜逆境

一个人之所以能够成为行业的精英，首先是因为他有信心。有人说，信心是成功的一半；更有人说，信心使不可能成为可能，使可能成为现实。

乔伊·古拉德在吉尼斯世界纪录大全中被列为当代最伟大的推销员，他在一年之内创造出推销 1425 辆汽车的奇迹，直到今天，还没有人能打破这个记录。

这位全世界第一号推销员在接受采访时说道："必须建立你的信心，相信现在一定能行，不能有'以后再做'的事发生，因为根本没有明天做这回事。今天不是决定你明天做什么，而是决定你明天成为什么，今天切勿错过，将一星期前、一个月前、一年前的害怕、懦怯、毁灭信心的思想从你心中除去，今天是你充满信心，永远摒弃害怕的日子。"

乔伊·古拉德经过一番努力，终于成家立业，就在他事业有成的时候，一次经营失误，导致负债6万美元。法院送给他一张令状，没收房子、汽车。更糟的是，家里连一点儿食物也没有，更不要说拿钱来供养家人。他想到的第一个办法是：逃跑。但是，逃跑和害怕都不能解决任何问题，他失去了家，失去了车子，更失去了尊严。就是在这个时候，他的妻子对他说："乔伊，我们结婚时空无一物，不久就拥有了一切，现在我们又一无所有，那时我对你有信心，现在还是一样，我深信你会成功。"妻子的深情给了他信心和力量。他又重新开始建立自己的信心。于是，他到底特律一家大汽车公司，要求一份推销工作，由于当时正是严冬，是销售淡季，经理不愿意雇他。"假如你不雇我，你将犯下一生最大的错误。"他充满自信地说。"信心产生力量。"乔伊这样说，"那是我爬回高李乐的开始，从一张灰尘厚积的桌子和一个电话本，在两个月之内我真的做到了我说的，我创造了打败那儿所有的推销员的业绩。"

就是这样，信心衍生信心，一年之内，他的汽车销售成绩从0到1425辆。是信心，使他从失败中蜕变成为世界最伟大的汽车推销员。信心可以让人从默默无闻变得一鸣惊人。当我们满怀信心地对自己说："我一定能成功。"这时，收获的季节就已经开始离你越来越近了。

相信自己一定能行

如果一个人连自己都不相信，还能指望别人相信吗？要相信自己一定能行。具有强烈自信心的人，能够承受各种考验、挫折和失败，这种自信心会使我们受用一生。法国心理疗法专家埃米尔·库埃说过一句至理名言："日复一日，我会在各方面干得越来越好。"在20世纪20

年代的英国和美国，这句话被成千上万的英国人反复念叨。在当时都成了人们每天必不可少的习惯。人们在每天规定的时间内重复这句话，每当头脑中闪现这一想法时也重复这句话。他们相信这样做能够增强自信，为事业和生活的成功做准备。

　　美国学者查尔斯12岁时，在一个细雨霏霏的星期天下午，在纸上胡乱画，画了一幅菲力猫，它是大家所喜欢的喜剧连环漫画上的角色。他把自己的画拿给了父亲看。当时这样做有点儿鲁莽，因为每到星期天下午，父亲就拿着一大堆阅读材料和一袋无花果独自躲到他们家的客厅里，关上门去忙他的事。他不喜欢有人打扰。

　　但这个星期天下午，他却把报纸放到一边，仔细地看着这幅画。"棒极了，查克，这画是你徒手画的吗？""是的。"父亲认真打量着画，点着头表示赞赏，查尔斯在一边激动得全身发抖。父亲几乎从没说过表扬的话，很少鼓励他们兄妹。他把画还给查尔斯，重新拿起他的报纸。"在绘画上你很有天赋，坚持下去！"从那天起，查尔斯看见什么就画什么，把练习本都画满了。

　　父亲离家后，查尔斯只有自己想办法过日子，并时常给他寄去一些认为吸引他的素描画并眼巴巴地等着他的回信。父亲很少写信，但当他回信时，其中的任何表扬都让查尔斯兴奋几个星期，他相信自己将来一定会有所成就。

　　在经济大萧条那段最困难的时期，父亲去世了，除了福利金，查尔斯没有别的经济收入，他17岁时不得不离开学校。受到父亲留给他的话语鼓励，他画了三幅画，画的都是多伦多枫乐曲棍球队里声名大噪的"少年队员"琼·普里穆、哈尔维、"二流球手"杰克逊和查克·康纳彻，并且在没有约定的情况下把画交给了当时《多伦多环球邮政报》的体育编辑迈克·洛登。第二天迈克·洛登便雇用了查尔斯。在以后的四年里，查尔斯每天都给《环球邮报》体育版画上一幅画。那是查尔斯的第一份工作。查尔斯到了55岁时还没写过小说，也不打算这样做。在向一个国际财团申请电缆电视网执照时他才有了这样的想法。当时，一个在管理部门的朋友打电话来，说他的申请可能被拒绝，查尔斯突然面临着这样一个问题："我今后怎么办？"查阅了一些卷宗后，查尔斯偶尔为自己写下备忘录，其中用十几句字体潦草的句子写下了一部电影的基本情节。他在办公室里静静地坐了一会儿，思索着是否该把这项工作继续下去，最后拿起话筒，给他的朋友、小说家阿瑟·黑利挂了个电话。

"阿瑟，"查尔斯说，"我有一个自认为不寻常的想法，我准备把它写成电影。我怎样才能把它交到某个经纪人或制片商或任何能使它拍成电影的人手里？"

"查尔斯，那条路子成功的机会几乎等于零。即使你找到某人采用你的想法并把它变为现实，我猜想你的这个故事梗概所得的报酬也不会很大。你确信那真是个不同寻常的想法吗？"

"是的。"

"那么，如果你确信，哦，提醒你，你一定要确信，为它押上一年时间的赌注。把它写成小说，如果你能做到这一点，你会从小说中得到收入，如果很成功，你就能把它卖给制片商，得到更多的钱，这是故事梗概远远不能做到的。"

查尔斯放下话筒，漫步了好长一段时间："我有写小说的天赋和耐心吗？"当他这样沉思时，他越来越有信心办成。

他自己进行调查、安排情节、描写人物、开始撰写、然后润色……他要为它赌上一年时间。

一年零三个月后，小说完成了，它在加拿大的麦克莱兰和斯图尔特公司得到出版，在美国的西蒙公司、舒斯特和艾玛袖珍图书公司得到出版，在英国、意大利、荷兰、日本和阿根廷得到出版。结果，它真的被拍成电影——《绑架总统》，由威廉·沙特纳、哈尔·霍尔布鲁克、阿瓦·加德纳和凡·约翰逊主演。此后，查尔斯写了五部小说，成为名副其实的小说家。

如果你也是个自信的人，那么你也将会获得比你预想的要多得多的成功。

第 7 章

人生态度决定生命高度——思想与生命

作家罗兰曾说过，世上有两种人，一种人一生下来对什么都提不起劲，他们活着就是为了过日子，至于为什么要去过日子，他们是不去理解、不去追究的；另一种就是对一些事情很认真，希望自己生命不要浪费的人。而第二种人正是有思想的人。

第一节　知识改变命运，
　　　学习铸就成功

　　面对飞速发展的社会，人们想要与时俱进，知识是唯一可以让自己跟上时代步伐的最有效的武器，所以，我们要让学习成为习惯，坚持不懈地学习，让自己不断进步。

知识是最大的宝藏

　　清朝乾嘉年间，女科学家王贞仪曾说过一句不朽的名言："足行万里书万卷，尝拟雄心胜丈夫。"王贞仪出身于封建士大夫家庭，封建社会男尊女卑，但她从小就酷爱各类书籍，并常作诗绘画，还学会了琴、棋、骑、射，更难得的是她对天文、地理、数学、气象学等等学科有着浓厚的兴趣。她鄙视和反对封建社会对妇女的歧视和压在妇女头上的种种礼教。儿时的她就不习女状，身为一个女孩却对科学古籍产生了浓厚的兴趣，她经常把自己关在屋子里，废寝忘食地搞科学试验。

　　一个农历十五的夜晚，王贞仪正端坐在闺房中读书，手里捧着清初著名学者梅文鼎所著的《筹算原本》，细细地咀嚼，苦苦地思索。突然，远处依稀传来了锣鼓声，有人在呼喊着什么。接着，门外一阵急促的脚步声，妹妹气喘吁吁地跑进屋里，"姐姐，姐姐，天狗吃月亮了，快去看！"说完，拉着王贞仪就往屋外走。

　　这是一个月朗星稀的夜晚，凉风习习，院子里洒满了月色的清辉。王贞仪抬头一看，只见一轮满月出现了一个缺口，并且缺口越变越大。

"真的是天狗吃掉了月亮吗？"妹妹带着稚气问道。像是回答妹妹问话似的，远处的锣鼓又骤然敲响了，伴随着锣鼓声，是人们的大声呼喊："天狗吃月亮了！天狗吃月亮了！"

王贞仪从小就听说，只有这样敲锣打鼓、大声喊叫，才能吓跑天狗，使月亮复明。但是，最近她从书上读到，这只是一种叫"月食"的自然现象，因为地球挡在太阳和月亮中间，太阳光照射不到月亮，月亮就黯然失色了。这个道理，王贞仪也似懂非懂，不是十分清楚，怎么向妹妹解释呢？王贞仪想了想，猛然间像是有了灵感，她对妹妹说："妹妹，你等会儿。"

王贞仪跑回屋中，从家中提出一盏亮闪闪的水晶灯，领着妹妹，走到园子里的小亭子上。王贞仪决定做一次月食的实验，她把水晶灯悬挂在亭子正中梁上当太阳，把灯下的圆桌当地球，又用一面圆屏镜放在桌旁当月亮。随后，她不断地移动着三者的位置，反复摆弄，细致地观察。

约过了半个时辰，王贞仪才停下手，高兴地说："我懂了，懂了！"接着，她又重新把自己的实验演示给妹妹看，边演示边解释，妹妹歪着脑袋津津有味地听着。

后来，王贞仪把自己的实验结果写成了《月食解》一文，深刻地论述了月食发生、月食和月望及食分深浅的科学道理。同时，她改编了梅氏的《筹算原本》，更名为《筹算易知》，使其通俗易懂，便于学习。王贞仪因其过人的成就，在当时被誉为"江南最小的才女"。

王贞仪之所以被称为才女，就是因为她利用了自己积累的知识来解释和发展了人类对于自然界的认识。知识能够揭开自然界许许多多神秘的面纱。这是一个取之不尽的宝藏。

当今社会竞争的实质是知识的竞争，也就是人才的竞争。优秀的人才可以选择好的公司，好的公司也会选择优秀的人才。尤其是在当今中国人才市场供大于求的严酷形势下，我们要想拥有称心如意的工作，更要加强自己的学习。没有走上工作岗位的人要努力学习，为将来择业做好准备；有工作的人也不能放松学习，因为你停滞的时候，他人在进步，一旦你跟不上公司发展的脚步就会面临失业。

所以，要牢记知识就是财富，它是取之不尽的宝藏这个道理。时刻保持学习的势头，永远都不要落后，不要被时代所抛弃。

不学习就不会进步

学习如逆水行舟，不进则退。人要想取得进步，就得活到老，学到老。孔子说："学而不厌，诲人不倦。"在学习上不能有厌恶之心。从古至今，有成就的人，哪一个不是勇于学习，在不断钻研中受益的呢？

而不断地学习，就要寻师。人从小就要通过学习来丰富自己。孔子说："三人行必有我师。"不断地学习吸取别人的长处，自己才能进步。

古代有"知足者常乐"一说，而且，大多数人都承认，知足常乐是一种美德。是的，这是一种美德。但是，一切事物都有其存在环境，知足常乐的道理也是如此。在物质生活上，知足者常乐。如果不知足，就永远不会有幸福。而在事业上，在学习上，总是知足就会裹足不前。所以，在学习上，要知道前进才行。专一而不断地进取才是对学习的态度。

孔老夫子说过："吾十有五而志于学，三十而立，四十而不惑，五十而知天命，六十而耳顺，七十而从心所欲，不逾矩。"这说明他后来的成就就基于他15岁时立志于学。在谈到学习对人生的重要性时，孔子说，如果一个人爱仁德而不爱学习，那他肯定会被愚昧所蒙蔽；如果一个人爱好信实但却不爱学习，那他将被戕害所蒙蔽；如果一个人爱好直率而不爱读书，那么他将会被偏激所蒙蔽；如果一个人爱好勇敢而不爱好学习，那么，他可能被祸乱所蒙蔽；如果一个人爱好刚强而不喜欢读书，那他可能将被狂妄所蒙蔽。

这也间接告诉人们，即便你仁德、智慧、为人直率、处事勇敢、遇事刚强，但如果不爱学习，所有这些好的品质都可能向其反面发展。

孔子的话不仅在过去为人所推崇，在今天仍为圣人之训。为何一些人为了钱而沉沦？为何有人纸醉金迷？看一看他们的行为，有一点是共同的：厌恶读书。

人首先要学会怎么做人，而做人的首要就是读书。正如武兢在《贞观政要·崇儒学》中所说，虽然上天给予了人好的品性和气质，但必须博学才能有所成就，这就像木材本性包含火的因素，要靠点火的工具才能燃烧；人的本性中包含着聪明的灵巧，要到学业完成时才能显出美的本质。人不教化何以成人？人不学习何以做人？

古往今来，凡是有所成就的人大多是读过书的人。不少古代帝王把读书作为治国之本。康熙帝就是一个很爱学习的人。

康熙帝是大清入关后的第二个皇帝，他自幼就刻苦读书，每日竟达十余小时之多。及至青年时，经史子集早已烂熟于胸了。特别难得的是，他成年后，在治理国家的实践中，知道了自然科学的重要，便发愤地学习起自然科学来了。

据史书《正歈奉褒》记载：他亲自召见外国传教士中精通自然科学的徐日昇、张诚、白进、安多等人，请他们轮流到内廷养心殿讲学。讲学内容有量法、测算、天文、历史、物力诸学。就是外出巡视，也邀请张诚等人随行，于公事之余，或每日，或间日，至寓外讲学。康熙帝虚怀若谷，认真学习，甚至还亲自演算，一丝不苟。

西方人张诚在给自己国家的报告中也说："每朝四时至内廷侍上，直至日没时还不准归寓。每日午前二时间及午后二时间，在底册讲欧几里得几何学或物理学及天文学等历法炮术的实地演习的说明。上甚至有时忘记用膳……"

学习使康熙帝的学问博大精深，特别是在自然科学方面更有造诣。康熙年间，国泰民安，国富民强，这与康熙帝自幼学习是分不开的。学习使康熙帝通晓事理，成为一个仁爱、智慧、处事勇敢、遇事刚强的明君。上有明君，下有贤臣，国家自然就富强了，百姓自然也就安居乐业了。

帝王将相要学习，平民百姓更要学习，不学无术的人很难摆脱愚昧，很难在苦难的厄运中解脱出来。

青少年朋友们，在明白了学习的重要性后，你有没有更加清楚自己应该怎样学习了呢？从现在开始，珍惜生命，努力学习吧！不要等白了少年头时，空悲切。

第二节　学必专精，而后能有成

专注是一种自信的表现，是一种用心对生命的诠释。"专注"二字说易行难，因为几乎每一个人身上都有惰性的存在，都有一种与专注相反方向的力的牵制，使得人们容易放弃专注或者半途而废。可是，我们的时代又越来越需要专注的人。一个专注做事的人会用专注为成功铺路，执着地投入他认准的事情，懂得专注的生活。

用专注为成功开路

文学大师冰心老人说："成功的花，人们只惊羡它现时的明艳，然而，当初的芽儿，曾经浸透了奋斗的泪泉，牺牲的血雨，却无人在意。"

是的，每一朵娇艳的花都不是长在温室里的，它的下面都有一株坚实而粗壮的根，这根的精神就是专注，百折不挠地向着土壤深处扎下去。如果没有这种精神，花儿是不会鲜艳太久的，只能像水上浮萍一样漂荡几天就无影无踪了。只有专注地吸收养分，它才会越来越亭亭玉立。对于奋斗者来说，专注是最根本的特性，每一位众人眼中的天才都离不开专注。

如今，提起"棋圣"聂卫平，大概无人不知、无人不晓了。他精湛的棋艺、赫赫的战功和他的名字一起为世人所瞩目。在日本、在中国乃至世界上其他一些地方，到处都有聂卫平的崇拜者，人们就像少男少女崇拜歌星、影星一样迷恋着他，被他所折服、倾倒。提起他的战绩，许多人都能如数家珍般娓娓道来。

在自传《我的围棋之路》中，聂卫平写道："每输一盘棋，我总是想方设法赢回 10 盘来，不但现在这样，以前水平不高时也是这样。在被陈祖德、吴松笙让三子时，每次输棋，我都憋足了劲儿，要在下一次赢回来。"正是这种不甘失败的专注精神造就了一代棋圣。有人把聂卫平的成功归因于他的天赋，认为他那么小就能在棋坛上崭露头角，一定是个天才。如果没有天赋的围棋基因，怎么可能小小年纪成就大才呢？聂卫平有超世之才是不可否认的，但是如果他没有不甘失败的执拗，在刚起步时就被打了回去，你想他有一丝一毫成功的可能性吗？

北宋文学家苏轼说得好："古之立大事者，不唯有超世之才，亦必有坚忍不拔之志。"成功的人都懂得坚持、专注地做事。

作为正在走向人生最辉煌、最宝贵阶段的少年，遇到失败、挫折、打击都是平常事。保持昂扬的斗志、专注的精神、不甘退缩的勇气是你成才的重要因素。在成才之路上，它们将会助你一臂之力。

当你考试考砸了的时候，当你的小发明进退两难的时候，当你运动会上跑了倒数第一的时候，当你竞选失败的时候，请别忘记：专注是天才的特性，是成功的有力助手。

做一个执着的人

执着，就是一种勤勉的跋涉，淡泊的心境，一种刚硬的精神气质，一种壁立千仞、无欲则刚的节操。执着不仅仅是生存的需要，更是心灵的需要。毕竟，人活着不能没有一个东西吸引你往前走，也不能没有为追赶上这个东西而付出奔跑。或许，我们奔跑了仍没能追上，但为了有所追求而执着，虽是艰辛的，却也是一种幸福。

西西弗斯因为触犯了诸神，诸神罚他将巨石推到山顶，而由于自身的重量较轻，巨石总还是滚了下去，西西弗斯不得不下山再往上推。诸神觉得没有比这种机械重复无休无止的劳动更严厉的惩罚了。而西西弗斯则乐此不疲，用每一个坚实的脚印状写自己不懈的追寻与充实的人生。这个神话故事成了执着的精神象征。

不论你身居达官显位，还是身处平常街巷，无论你奔波于闹市通衢，还是栖身于田园山水，只有有所执着才能置常人眼中的得失、荣辱、毁誉于不顾，才能拥有笑对人生的豁达与潇洒。执着是一场漫长的分期分批的投资，而成功则是对这场投资的一次性回报。

执着自己所爱的事业，追求一份成功与收获，才是生命的价值与意义。

古有精卫鸟，相传为炎帝女，因在东海游泳，不幸溺亡，化为精卫鸟，经常衔西山之木去填东海，这就是精卫填海的传说，也是执着于人生目标的一个精神典范。为了我们的事业与生活，我们永远应该坚守执着，也许收获有迟有早，有小有大，但我们坚守执着的本身，就是人生命的意义所在。

执着有别于木讷的根本在于，执着有着十分坚定的信念，基于对人生、对情感、对责任的深刻理解而变得坚不可摧。执着是人之所以为人的原因，执着是人之所以被尊敬的道理，执着是人之所以无憾的理由。

要锲而不舍地投入

专注是"语不惊人死不休"的豪情，是"为伊消得人憔悴"的投入，是"十年磨一剑"的等待。所以，荀子在《劝学》中说："锲而舍之，朽木不折；锲而不舍，金石可镂。"古今成大事者，大抵都具有这份执着。

专注使人的内在潜力得以挖掘，使生命的丰富性得以展现。荷兰思想家斯宾诺沙一生贫苦潦倒，以打磨眼镜片维持生活。白天，他在昏暗狭小的作坊里一丝不苟地淬炼、打磨、装配，每个程序都精益求精，劳动情状几乎比夜晚在灯下写哲学著作还要虔诚。白天，他保持着打制眼镜片的劳动姿态；晚上，他在思考和写作中燃烧自我。他不仅是个手艺精湛的工匠，更是一个影响几个世纪人类精神领域的大思想家。这就是专注之树结出的硕果。

一个专注者往往默默无闻，普通得如田野里耕作的农人，车间里生产的工人，谦卑得如郊外的草树，如山谷里不为人知的流水。博尔赫斯几乎一生都蛰居在图书馆巨大而神秘的阴影与文字中，他的全部工作便是：在孤独中自由自在的想象。他成功地成为一位作家后，他的一位同事在百科全书中读到"博尔赫斯"的条目，非常惊奇，兴冲冲地跑来告诉他，"百科全书里有一个人，不仅跟你同名同姓，而且出生日期也完全一样"。

有一个年轻人到一家电器厂去谋职，这家工厂的人事主管看着面前的小伙子衣着肮脏，身材瘦小，觉得不理想，信口说："我们现在暂时不缺人，你一个月以后再来看看吧。"这只是一个推辞，没想到一个月以后，这个小伙子真的来了。那位负责人又推说："过几天再说吧。"隔了几天，他又来了。如此反复了多次，主管只好直接说出自己的态度："你这样脏兮兮的是进不了我们的工厂的。"于是小伙子立即回去借钱买了一身整齐的衣服穿上再次去面试。负责人看他如此实在，只好说："关于电器方面的知识你知道得太少了，我们不能要你。"不料两个月后，他再次出现在人事主管面前："我已经学会了不少有关电器方面的知识，您看我哪方面还有差距，我一项项来弥补。"这位人事主管紧盯着态度诚恳的小伙子看了半天才说："我干这一行几十年了，还是第一次遇到像你这样来找工作的，我真佩服你的耐心和韧性。"于是，他得到了这份工作，并通过不断努力成为电器行业的非凡人物。故事的主人就是后来松下公司的总裁松下幸之助。他的成功之处就在于拥有一种可贵的精神——专注做事。

真正能够走向成功的专注者只占很少的一部分，更多的专注者可能并没取得骄人的业绩。可是，他们同样伟大，在他们的身上同样闪耀着一种魅力，这就是专注的魅力。他们可能要放弃很多，比如节假日的休息，不能陪妻子和儿女散步、游玩……他们得忍受失败的折磨，得面对挫折带来的烦恼，甚至得正视别人投来的异样的目光和风言冷语。

人生旅途上本该看到的美丽风光，他们错过了；生命中本该享受到的欢娱，他们放弃了。这是专注者必需付出的代价，无论是伟大的事业，还是在平凡的工作岗位上，甚至在日复一日的生活琐事中。拥有了专注，平凡的小草可以葳蕤成无边的春色，无名的小河可以汇入汪洋大海。专注者的心房总是洒满黄金般的阳光，专注者的眼里永远充满希望。

学会专注地生活

坚持的人生活得太苦，专注的人生活得太累。可是青蛙真的成了王子，灰姑娘也成了高贵的公主。凤凰坚信永生，于是集香木自焚，在死灰中更生，它真的重生了；蛹为了变成蝴蝶而作茧自缚，可也真的变成了美丽的蝴蝶。这就是专注的力量，一种生活的态度。

一只蚂蚁想往瓷砖墙上爬，可一次次都失败掉了下来，可它依然专注地往上爬。一个人看到后感慨地说："多伟大的蚂蚁，失败了毫不妥协，继续向目标前进。"另外一个人看到后也感叹地说："多么可怜的蚂蚁，太盲目了，假如它改变一下方式，也许很快就能到达目的地。"

这原本是个哲学故事，曾有人去问智者谁是谁非，智者说两个人都没有错，这只是反映了两种不同的人生态度。如果自己是个专注的人，自然会对蚂蚁持有赞赏的态度。

在人生奋斗中，不慎跌倒并不表示永远的失败，唯有跌倒后，失去了奋斗的勇气才是永远的失败。我们若以平常心观之，失败本身也就不足为奇。一个人若没有经历失败，就难以尝到人生的辛酸和苦涩，难以认识到生命的底蕴，也就不可能进入真正宁静祥和的境界。

其实，通向成功的路绝不只是一条，不同的人可以选择不同的路，成功与否往往不在于对道路的选择，而在于一旦选定了自己的路，便不再彷徨。所以，能否到达心中的目标，首先取决于对脚下道路的信任。

专注的人可能失败，却很少被人称为失败。因为，"专注"的骨子里有一种素质：一种激情如火的素质，一种追求根源的素质，一种认准了目标死不回头的素质，一种固执已见永不迎合他人的素质。具备这种素质的人常常创造出人间奇迹。弗洛伊德、拿破仑、贝多芬、凡·高，还有吉尼斯世界大全一书中所记载的诸多人物，不能不承认所有这些大大小小的人物使我们这个世界变得有声有色。他们的性格中明显有着共同的一点，即专注。他们专注地将他们热爱的某项事业推向极致，什么也阻止不了他们——除了自身的死亡。

女娲补天、夸父追日、精卫填海、愚公移山、大禹治水，卧薪尝胆的勾践、闻鸡起舞的祖逖、面壁静修的达摩、程门立雪的杨时……这些专注的故事不老，人物不死。"咬定青山不放松"，"百折千磨志不改""衣带渐宽终不悔"，"不到长城非好汉"……这些专注的佳句不朽。

专注的人可能在当时失败，却在后人心中胜利；可能在名利上失败，却在精神上胜利。这就是专注的人生。专注，是一支永无休止符号的进行曲。

第三节　静坐常思己过，
闲谈莫论人非

一个人要经常反省自己，发现自己的不足，同时还要及时改正自己的缺点，懂得"低头"的艺术。应该通过深刻的反省，发现德之缺憾，智之不足，从而总结教训，惩前毖后，改弦易辙，迈上通往成功的大道。

善于发现自己的缺点

缺点一词在《现代汉语词典》的解释为：欠缺或不完善的地方，并且注释：跟"优点"相对。由这个经典的解释可见，缺点和优点是一对欢喜冤家。他们像连体兄弟一样，相依相靠，相辅相成，祸福相倚。人人都有缺点，无论是凡人还是伟人。伟人之所以伟大，是因为他知道自己也会犯错误，他时刻发现自己的缺点并加以修正，使自己的优点日益增添。

一个人存在欠缺的地方有很多，五音不全是欠缺，色感不强是欠缺，这还不是最残酷的欠缺。最残酷的是不能走，不能看，不能听，不能说。一个人不完善的地方也可以有很多，运动能力一般是不完善，语音沙哑是不完善，谐调能力不强也是不完善……

重要的不在于你有多少缺点，不在于你比别人的优点少多少，对于人生来说，重要的在于你对待缺点的态度。坦然承认，付之一笑，你就是一个乐观的人，就是一个不肯言败的人，就是一个充满自信的人。

缺点要改正，但不是所有的缺点都要改正。（引用一个时兴的观点——素质，素质分先天遗传所得和后天习得。）缺点是相对于素质而言的，先天遗传（口哑、眼盲、耳聋、眼疾）是无法改正的，因此我们不必妄想改正。即使后天习得不足的缺点，也不一定要都改正，那样，我们会一生都在改正缺点而忘记了创造。创造才是人生的真义。我们改正缺点正是为了我们有一个真正意义的生活，一个充满乐趣的人生。

当然，我们要做的并不是不改正缺点，并不是把缺点紧紧抓住不放。对于我们自己真正有意义的生活，充满乐趣的人生，对于无关紧要的缺点，我们不必念念不忘，耿耿于怀。人生几何，何必和自己过不去呢？虽然，不可否认，缺点越少越好。对于那些于我们的人生有影响的缺点，我们是必须改的。原因很简单，因为我们要过一个有意义的、有乐趣的人生。

有一次，苏格拉底的朋友到德尔斐神庙里去问阿波罗神："世上究竟还有没有比苏格拉底更智慧的人？"神谕回答说："没有。"苏格拉底对此感到很奇怪："我怎么会是最有智慧的人呢？但是神谕不可能错呀？"

为了验证神谕，苏格拉底首先走访了一批著名的"智者"。结果发现，那些名气最大的人，恰恰是最愚蠢的，而那些不大受重视的人反而愚蠢少一些。然后，苏格拉底又走访了几个诗人，发现诗人对自己所写的东西一窍不通，他们"写诗不是凭借智慧，而是凭借灵感"。最后，苏格拉底又走访了能工巧匠，发现他们只"因为自己手艺好，就自以为在别的重大问题上也有智慧，这个缺点把他们的智慧都淹没了"。

经过一番走访，苏格拉底终于醒悟了："阿波罗神之所以说我是最有智慧的，不过是因为我知道自己无知；别的人也同样是无知，但是他们连这一点都认识不到，总以为自己很有智慧。仅凭这一点，阿波罗神就把我算作是最有智慧的人了！"最有智慧的人其实是有自知之明的人。无知的人会盲目夸大自己的才能，但是我们只能期望自己不做蠢事，却不能期望别人跟自己一样愚蠢，这是我们应有的理智。

在人生的旅途中，正确衡量自己的能力，准确估计对手的力量，是非常重要的。因为高估自己，低估别人，是人性中的一大弱点。藐视别人、自以为是的结果往往是搬起石头砸自己的脚。

要拥有成功的人生，才能只是一件工具。精良的工具让人羡慕，但只有用它干有益于人的事时，才会让人真心称道。有些人凭借才能获得了别人的承认，却不知道别人真正认同的是他们对才能运用的方式方法，而不是才能本身。因此，他们过于相信自己的才能而丢掉了原本运用的方式方法，所以走向了反面。

把弱点转化为优点

我们不是圣人，所以我们多多少少都存在着一些弱点。弱点是做人做事的瑕疵，我们必须克服它，将它转化为优点。

对于你来讲，你最想克服的弱点是什么？是伤感、失望、恐惧、生气，还是沮丧、迷茫？无论是什么，成功人士都会明确告诉你，它绝对不能永远打败你。记住了这一事实，你就可以将最弱的地方转化为最强。

把你的优点和弱点分别列在两个纸条上，把写着优点的纸条放在一个你能看到的地方，因为看到它总能够让你提起精神来。现在看着写着弱点的纸条并且研究一会儿。看着这些弱点直到你不再因为它们而感到羞耻和罪恶。让它们成为有趣的特性而不是负面的特点。问一问你自己怎样才能使每一种特性对你产生积极的作用，尽管我们通常不这样对我们的弱点提问。

印度一位女子，一直为脸上的一颗红痣而懊恼万分，因而患了"见人恐惧症"。一见有人来她的家，她就赶紧躲进房间，闭门不出。

一天，在母亲的一番激励之后，她发奋而起，心想："既然无法治好我的缺点，不如反过来用它。"

后来，她在众多的化学家的帮助下，成功地造出掩饰红痣用的化妆品，她为了推广这个化妆品，跑遍全国，帮助了不少与她一样为红痣苦恼的人。她也因此而积富千万，成为名利双收的女实业家。

闻名于世的美国大诗人爱默生说："任何人的弱点，都能扮演积极的角色。"这就是说，弱点与优点之间往往只有一纸之隔，与其勉为其难地矫正，不如正视它，想办法善用它。这才是聪明的做法。

在调整中发展自己

优秀的人之所以优秀，就是因为他们能不断地调整自己，发展自己。

爱默生说："所谓优秀的人，乃是指具有正确敏锐的判断能力的人。"掌握人们行为的方向，就是所谓的判断力。而它就像轮船上的指南针，随时测定航向。优秀的人懂得及时审视自己选择的角度，利用自己的实力来求得发展。

在每天结束的时候，冷静地反省自己的行为，把失误作为训练自己的教训，做事之前一定要深思熟虑，只有这样才不至于迷失方向。

没有人能对任何事情都做出完全正确的判断，但重要的是，以冷静的态度来思索自己的判断是否正确，然后从中修正自己的判断能力。

两个贫苦的樵夫靠着上山捡柴糊口。有一天在山里发现两大包棉花，两人喜出望外，棉花价格高过柴薪数倍，将这两包棉花卖掉，足可以供家人一个月衣食无忧。当下两人各自背了一包棉花，便往家赶。

走着走着，其中一名樵夫眼尖，看到山路上扔着一大捆布，走近细看，竟是上等的细麻布。足足有十匹之多。他欣喜之余，和同伴商量，一同放下背负的棉花，改背麻布回家。

他的同伴却有不同的看法，认为自己背着棉花已走了一大段路，到了这里丢下棉花，岂不枉费自己先前的辛苦，坚持不愿换麻布。先前发现麻布的樵夫屡劝同伴不听，自己竭尽所能地背起麻布，继续前行。

又走了一段路后，背麻布的樵夫望见林中闪闪发光，待近前一看，地上竟然散落着数坛黄金，心想这下真的发财了，赶忙邀同伴放下肩头上的麻布及棉花，改用挑柴的扁担挑黄金。

他的同伴仍是那套不愿丢下棉花，以免枉费辛苦的论调，并且怀疑那些黄金不是真的，劝他不要自费力气，免得到头来一场空欢喜。

发现黄金的樵夫只好自己挑了两坛黄金，和背棉花的伙伴赶路回家。走到山下时，无缘无故下了一场大雨，两人在空旷处被淋了个透湿。更不幸的是，背棉花的樵夫背上的大包棉花，吸饱了雨水，重得完全无法再背得动，那樵夫不得已，只能丢下一路辛苦舍不得放弃的棉花，空着手和挑着黄金的同伴回家去。

许多成功转化的关键，在一开始人们也许看不出它的内在潜力，这时抉择的正确与否就已成为成功与失败的分界。在面对机会时，有三种选择方法：第一种是单纯且平静地接受；第二种是抱着怀疑的态度观望；第三种是固执地不肯接受。

在人生的每一次关键对刻，谨慎地运用你的知识，做最正确的判断，选择属于你的正确方向。同时别忘了随时检视自己选择的角度是否产生偏差，适时地给予调整，千万不能像背棉花的樵夫一般，只凭一套哲学，便欲强渡人生所有的关卡。

第四节　吃亏的另一面是福报

很多成大事的人都善于吃亏，看起来都是"傻子"。傻不傻不能光看表面，真正聪明的人都是大智若愚的，他们做事的时候是最清醒的，这正是他们的聪明之处。

香港《文汇报》曾刊登李嘉诚专访，主持人问："俗话说，商场如战场。经历那么多艰难风雨之后，您为什么对朋友甚至商业上的伙伴抱有十分的坦诚和磊落？"

李嘉诚答道："简单地讲，人要去求生意就比较难，如果生意跑来找你，就容易做。"

"一个人要有勤劳、节俭的美德。最要紧的是节省你自己，对人却要慷慨，这是我的想法。""顾信用，够朋友。这么多年来，差不多到今天为止，任何一个国家的人，任何一个省份的中国人，跟我做伙伴的，合作之后都能成为好朋友，从来没有一件事闹过不开心，这一点我是引以为荣的。"

"要照顾对方的利益，这样人家才愿与你合作，并希望下一次合作。"追随李嘉诚20多年的洪小莲，谈到李嘉诚的合作风格时说，"凡与李先生合作过的人，哪个不是赚得盘满钵满！"俗话说："一个篱笆三个桩，一个好汉三个帮。""在家靠父母，出门靠朋友。"商场上，人缘和朋友显得尤其重要。

有人说，李嘉诚生意场上的朋友多如繁星，几乎每一个有过一面之交的人，都会成为他的朋友。所以，李嘉诚在生意场上只有对手没有敌人，不能不说是个奇迹。

邻里间的相处之道也是一门大学问，为什么很多时候大家都会有些磕磕碰碰的事情呢，事情虽小却会对彼此的关系产生深远的影响。为什么？就是大家都不想委屈自己，咳嗽的声音大了，洗衣服的水流过来了，往往都是惹你生气的根源，因为你会把这些事统统看作是故意的。

邻居相处，小小的误会在所难免，但千万别凭一时意气吵开了头。争吵一旦开始，以后就处处都是吵架，结果就会闹得鸡犬不宁，成为生活上的一大困扰。遇事忍一口气，大事化小，小事化了。忍耐一时并不难，而且以后的好处是无穷的。

"吃小亏占大便宜"，初听起来似乎是个悖论，可如果邻里之间互相谦让，都舍得吃点儿小亏，维持了大家的生活环境，又何乐而不为呢？

吃亏是一种福报

何谓吃亏？古人云："用争夺的方法，你永远得不到满足；但用让步的办法，你得到的会比期盼的更多。"换言之：吃亏是福。吃亏，无非是自己做出点儿让步，做出点儿牺牲。失去的大多是物质的和暂时的。如果人们能够坦然处之，不去计较这些，在所谓的"吃亏"之后，他们得到的又是什么呢？他们得到了人们更多的理解和尊重，还培养了自己的宽厚与大度，更重要的是还陶冶了自己的情操。越是不肯吃亏的人，越是可能吃亏，不但吃亏，而且往往还会多吃亏，吃大亏。唯有不计较吃亏的人，才会真正有福。

在美国一个市场里，有个姓赵的中国妇人开了一个小店，生意特别好，引起其他商贩的嫉妒，大家常有意无意地把垃圾扫到她的店门口。

这个中国妇人只是宽厚地笑笑，不予计较，反而把垃圾都清扫到自己的角落。旁边卖菜的墨西哥妇人观察了她好几天，忍不住问道："大家都把垃圾扫到你这里来，你为什么不生气？"

中国妇人笑着说："在我们国家，过年的时候，都会把垃圾往家里扫，垃圾多就代表会赚很多的钱。现在每天都有人送钱到我这里，我怎么舍得拒绝呢？你看我的生意不是越来越好吗？"

从此以后，那些垃圾就不再出现了。

老妇人的做法是一种充满智慧的处世之法。她不怕吃亏的精神赢得了同行的欣赏与敬佩。

在人们的日常生活中，并非占到所有的便宜都值得庆幸，也并非所有的幸运都值得高兴，并非所有的痛苦都令人难以忍受。吃亏往往是珍藏在心中的至宝。如果在人的一生中，不懂吃亏，就不能完美地领悟人生；不懂吃亏，就不会有事业的壮丽辉煌。一点亏都不想吃，睚眦必报的人，往往是最终吃下使他永远不得翻身的大亏；而时常愿意吃些小亏的人，常常是最后的赢家。其实有谁愿意吃亏呢？谁都愿意永远有利可图，可天下绝无此等好事，种下什么样的因，将结出什么样的果。如果每个人都赚便宜，结果就是每个人都赚不到便宜，很可能还要吃亏。

有远见的人愿意吃一些小亏而避免最终的失败，并且通过吃亏而获利。鼠目寸光者只顾眼前的利益，最后不是掉入失败的深渊，就是被世人唾弃，过着一种生不如死的生活。

要坚信这世上还是好人多，只是在这个日益复杂的社会，人都产生了一种天然的自我保护心理。但保护并不等于攻击，而吃亏则是打破这层天然保护膜的最好方式。

吃点亏不算什么，虽然当下看起来你好像是失去了一些东西，但眼光放长点儿你就会发现，其实，吃亏是福，你吃亏的同时得到的是别人对你的信任与好感，而这两样东西是无论花多少钱都换不来的。

吃亏也是一种投资

精明的人与聪明的人毕竟还是有差别的，精明的人会给人一种不可接近的感觉，而聪明的人在处理各种关系时永远考虑得很周全，所以不会让人感觉到威胁与反感。总而言之，精明的人是跛腿走路的，而聪明的人则四肢健全。

聪明人就是不计较眼下的得失，不会犯那种鼠目寸光的错误，他的眼光总要比别人看得远，他时刻有一个总体的事业目标，所有的努力都是为这个目标而服务的。干什么事情都像下围棋一样，在布局的阶段是很关键的，不应该总是盯着一些小小的利益，而是必须注意长远的利益，从全局考虑。而"精明"的人呢，则总是盯住眼前的利益。"鼠目寸光"也许正是形容这种人的最好词语。这种人不愿意做任何与眼前利益无关的事情，他们要的只是能立刻变成钱的东西，心浮气躁也是这种人的表现之一。而更糟糕的是，他们总是这样，无论做任何事情，只要自己没有利益，就根本不会去考虑，更谈不上去做了。这种人在工作上给人的印象是很糟的。而且精明的人最不服人，往往是无论他们干什么，用不了多长时间就会失败。这种人只有在不让自己吃亏的问题上，才能表现出才能和魄力。他们不知道，吃亏有时就是一种投资。

著名汽车制造商杜兰特手下的总裁叫道尼斯，他曾是杜兰特手下的小职员，道尼斯刚工作的时候就注意到，每天下班后，所有的人都回家了，但是老板仍留在办公室里，一直待到很晚。于是他觉得应当留下来，为老板提供一些工作上必要的协助，结果，老板随时都可以看到他，最后养成了使唤他的习惯。道尼斯付出了额外的时间和精力，但是，这种吃亏却使他获得了总裁的位置。

美国船王达拉有一位得力女助手，最早她只是一名速记员，她的工作只是听取老板的口述，记录内容，替老板拆阅、分类及回复信件。薪水同公司其他普通的职员没什么两样。但是，这个员工每次用完晚餐后，总是回到办公室来，积极地做那些本来不是她分内的且没有报酬的工作。她的能力增长很快，有时候，替老板写的信，就同老板自己写的一样。当老板的秘书因故辞职时，老板自然而然地想到了她，因为她早已做着这样的工作，并且早已有了这样的能力。她已经使自己成为对老板极有价值的帮手。

众所周知，孟尝君、宋公明都因为吃亏而获得了别人的认同并在生死关头能够获得别人的帮助。"吃亏是福"，在中国的很多地区，都流传着这样的俗语。《圣经》中的名言"施比受更有福"讲的也是类似的道理。大家熟悉的做广告实际上就是一种"吃亏"行为，只是回报在后面，现在大家广为接受了，已经把广告作为做好生意的必备措施。

从人际关系上来看，吃亏虽然是自己的利益受损害了，但不计较，却可以省却为计较而产生的烦恼和副作用。斤斤计较之人在社会里的人际关系不可能好，平时的心境也不可能好。好的人际关系和好的心境用小小的利益怎么能够买到？大家衡量一下孰轻孰重一目了然。

"塞翁失马，焉知非福。"看起来是吃亏的事，可最终却让人获利。

第五节　架子大难成事，
　　　　不虚心难做事

架子大干不成事，不虚心不能干事，态度不端正更会误事，不管是帝王将相还是平民百姓，都适用这一道理。谁都不想当配角，但又不是谁都能当主角，这其中该怎么取舍呢？当你的实力还没被人们所认同的时候，你是要事事力争还是甘于寂寞呢？后发制人而先发制于人，这道理相信大家都能理解，因为一开始就将自己暴露给对手终究不是什么好事。最聪明的做法是在角落里静观其变，等待时机成熟的时候再奋力一击。这实际上就是不打无准备之战。演好配角是每个人生活当中的第一个任务，一个连配角都演不好的人很难想象他还能演好主角。

每个人在不同环境中都有不同的社会角色，在单位你可能是主管，在大街上不过是一个行人。从这个角度来说主角和配角只是一种错觉罢了，也就是说，在生活中并没有严格的主配角的区分，你不只要演配角，还要演主角，而这两者随时是可以相互转换的。

做好配角是做大事的基础

古时候伴君如伴虎，很多智慧都是从伴君的小心翼翼里悟出来的。

龚遂是汉宣帝时期一名能干的官吏。当时渤海一带灾害连年，百姓不堪忍受饥饿，纷纷聚众造反，当地官员镇压无效，束手无策，宣帝派年已70余岁的龚遂去任渤海太守。

　　龚遂单车简从到任，安抚百姓，与民休息，鼓励农民垦田种桑，规定农家每口种一株榆树，100棵荬白，50棵葱，一畦韭菜，养两口母猪，五只鸡，对于那些心存戒备，依然带剑的人，他劝说道："干吗不把剑卖了去买头牛？"经过几年治理，渤海一带社会安定，百姓安居乐业，温饱有余，龚遂名声大振。

　　于是，汉宣帝召他还朝，他有一个属吏王先生，请求随他一同去长安，说："我对你会有好处的！"其他属吏却不同意，说："这个人，一天到晚喝得醉醺醺的，又好说大话，还是别带他去为好！"龚遂说："他想去就让他去吧！"

　　到了长安后，这位王先生终日还是沉溺在醉乡之中，也不见龚遂。可有一天，当他听说皇帝要召见龚遂时，便对看门人说："去将我的主人叫到我的住处来，我有话要对他说！"

　　面对一副醉汉狂徒的嘴脸，龚遂也不计较，还真来了。王先生问："天子如果问大人如何治理渤海，大人当如何回答？"

　　龚遂说："我就说任用贤材，使人各尽其能，严格执法，赏罚分明。"

　　王先生连连摆头道："不好！不好！这么说岂不是自夸其功吗？请大人这么回答：'这不是小臣的功劳，而是被天子的神灵威武所感化！'"龚遂接受了他的建议，按他的话回答了汉宣帝。宣帝果然十分高兴，便将龚遂留在身边，任以显要而又清闲的官职。

**　　龚遂正是因为采取了这样一种甘当配角的策略才得到了如此的待遇。**
**　　安分守己演好配角并不是要当真就以配角自居，而是说当对外要表现出一种乐于当别人绿叶的姿态。这就要求每个人不要事事都表现得比别人强，这很容易招来忌恨乃至杀身之祸。**

　　刘邦称帝后，韩信被刘邦封为楚王，不久，刘邦接到密告，说韩信接纳了项羽的旧部钟离眜，准备谋反。于是，他采用谋士陈平的计策，假称自己准备巡游云梦泽，要诸侯前往陈地相会。韩信知道后，杀了钟离眜来到陈地见刘邦，刘邦便下令将韩信逮捕，押回洛阳。回到洛阳后，刘邦知道韩信并没谋反的事，又想起他过去的战功，便把他贬为淮阴侯。韩信心中十分不满，但也无可奈何。刘邦知道韩信的心思，有一天把韩信召进宫中闲谈，要他评论一下朝中各个将领的才能，韩信一一说了。当然，那些人都不在韩信的眼中。刘邦听了，便笑着问他：

"依你看来，像我能带多少人马？"

"陛下能带10万。"韩信回答。

刘邦又问："那你呢？"

"对我来说，当然越多越好！"

刘邦笑着说："你带兵多多益善，怎么会被我逮住呢？"

韩信知道自己说错了话，忙掩饰说："陛下虽然带兵不多，但有驾驭将领的能力啊！"

刘邦见韩信降为淮阴侯后仍这么狂妄，心中很不高兴。

后来，刘邦再次出征，刘邦的妻子吕氏终于设计杀害了韩信。

这一切都是韩信没有主配角的考虑而酿成的苦果。

比尔·盖茨说过："如果我们有了一点成功便觉得了不得，这是很不好的。但是假如在我们为自己的成功自鸣得意时，有一个人来教训我们一番，那我们就很幸运了。"

托马斯·杰斐逊是美国第三任总统，他曾经说过这样一句很著名的话："每个人都是你的老师。"

杰斐逊1743年出生在一个比较富裕的家庭里。父亲是军队里的一名军官，母亲出身名门，所以不论是从家世背景还是从受教育程度来看，他都属于社会的上层人士。尽管如此，杰斐逊却和家中的园丁、佣人、餐厅里的服务生们都能轻松、愉快地交谈，根本不受当时社会风气的影响。因为当时的贵族对一般民众除了发号施令之外，很少与他们交谈。杰斐逊这样做的目的，是要向这些人学习，正如他后来有一次对法国伟人拉法叶特说的："你必须像我一样到一般的民众家里去坐一坐，看一看他们的菜碗，尝一尝他们吃的面包。只有你这样做了，你才能理解他们不满的原因，并且懂得正在酝酿中的法国革命其中的深刻意义了。"

当领导的学问很多人都已经探讨过了，这里还想说的是，一个好领导要虚心请教下属，如果太讲面子，老是觉得领导是无事不知的万金油就大错特错了。过去的皇帝后来被尊为"明君"的无不是虚心纳谏的典范，李世民就是一例。

唐太宗李世民随父李渊反隋时，是李渊最得力的臂膀。他为人颇富谋略，早在起兵之前，就"折节下士，推材养客"，暗中积极招揽人才。四方的群盗大侠闻其贤名，都纷纷投奔他的帐下，甘愿为他尽忠效死。起兵后，李世民兵强将广，迅速成为李渊扫荡四方、平定天下的一支主力军。武德四年（公元621年），李世民率军生擒窦建德，逼降王世充，李渊为表彰他这一特殊功勋，又加封他为天策上将、陕东道大行台，使他位居诸王公之上。

但李世民并非皇太子，因此李渊百年之后的帝位由谁来继承，尚未可知。当海内渐趋稳定后，李世民及时由武略转向文治，留意起儒家的治国之道来。他在宫城西边修建了一座文学馆，招揽接纳四方的文士，号称"十八学士"，其中有杜如晦、房玄龄、孔颖达、虞世南、许敬宗等。各方儒生文士都以能进入秦王李世民的文学馆为荣，这些人实际成了他后来夺取帝位、君临天下的智囊团。玄武门之变，李世民就是在这个智囊团的密切协助下，击败了皇权竞争者李建成和李元吉，终于登上了最高权力之位。

在历代帝王中，李世民是个谦恭英明的人君，他善于纳谏，没有历代帝王那种刚愎自用、一意孤行的痼疾。他刚继位时，就不计前嫌，把政敌李建成的老师魏征屡次叫到自己的卧室内，虚心求教治国之道。魏征得遇知己之主，竭尽所能，知无不言，先后进谏陈言二百余事。后来太宗曾因有人诬告魏征结党营私而调查他，查无实据，太宗深感后悔。魏征诚恳进言道："希望陛下使臣成为良臣，不要使臣成为忠臣。"

生命的思索

太宗奇怪地问："此话怎讲？"

魏徵答："所谓良臣，就是稷、契、皋陶一类的大臣，使自己获得善名，使君主荣受显号，子子孙孙永受福禄。所谓忠臣，就是龙逢、比干一类的人，因忠被杀，使君主陷于大恶，国破家亡，只剩下个虚名。"太宗觉得很有道理，后来在对待大臣的问题上，时时以此为鉴。

贞观十七年，64岁的魏徵病逝，太宗如丧股肱，亲自为他哭灵，中止上朝听政五天，并亲笔为他书写了碑文。太宗曾对群臣说："人以铜为镜，可以正衣冠；以古为镜，可以见兴替；以人为镜，可以知得失。魏徵殁，朕亡一镜矣！"

太宗与臣下的关系处得非常好，人们把房玄龄、杜如晦比作汉初的良相萧何、曹参。贞观四年，杜如晦死，享年46岁。李世民亲临府上，边抚他的病体边流泪。杜如晦死后，李世民十分悲痛，为其停朝三日。后来有一次李世民吃瓜，觉得味道非常甜美，不由得想起了杜如晦，他悲从心起，便停口不吃，叫人拿着剩下的一半瓜，送往杜如晦的灵前祭奠。他还曾赐给房玄龄一条黄银带，边环顾左右边对房玄龄说："当年你和杜如晦一起辅佐我，今天赏赐物品，却只有你一个人了。"说着又流下了眼泪，"听说金银乃是鬼神畏惧之物，给杜如晦也送去一条吧。"说罢令房玄龄自带一条，又取了一条让房玄龄送至杜如晦灵前。

虚心不仅是要善于听从别人的意见，这里有一个问题是需要每个人注意的，就是面对别人的批评的时候你应该怎么办？回答是：应该接受批评。

虚心地接受批评

比尔·盖茨认为，一个人无论什么时候都要虚心接受批评，尤其是成长中的年轻人。然而不同的是，有的人刚愎自用，受不得半句批评；

有的人虚怀若谷，有批评必一概采纳；有些人当面千恩万谢的接受，转个身却忘得一干二净；有的人当面硬不认错，死要面子，背地里能小心地检讨。

柏特勒将军曾告诉别人，他年轻的时候很想成为最受人欢迎的人物，希望每个人都对他有好印象。在那个时候，即使一点小小的批评都会使他难过半天，但在军队的 30 年使他变得坚强起来。

一个人有勇气承认自己的错误，也可以获得某种程度的满足感。这不仅可以消除罪恶感和自我防护的气氛，而且有助于解决这项错误所制造的问题。

比尔·盖茨告诉世人，即使是傻瓜也会为自己的错误辩护，但能承认自己错误的人，就会获得他人的尊重，从而有一种高贵怡然的感觉。如果你是对的，就要说服别人同意；如果你错了，就应很快地承认。

愚蠢的人受到一点点的批评就会发起脾气来，可是聪明的人却急于从这些责备他们、反对他们和"在路上阻碍他们"的人那里学到更多的经验。美国著名诗人惠特曼这样说："难道你的一切只是从那些羡慕你，对你好，常站在你身边的人那里得来的吗？从那些批评你，指责你的人那里，你学来的岂不是更多？"

假如有人骂你是傻瓜，你会大发雷霆还是默默接受呢？林肯的陆军部长史丹顿就曾骂过他是该死的傻瓜，原因是林肯为了讨好某个自私的政客，就签署了一道命令转移某些兵团，于是史丹顿拒绝执行这道命令，还大骂林肯竟然会有这种命令，简直是该死的傻瓜。有人急忙将他说的话跑去报告总统，没想到林肯却平静地说："如果史丹顿说我是该死的傻瓜，那么我一定是，因为史丹顿一向是对的。我得过去看看这到底是怎么一回事，我究竟错在哪里。"

林肯果真去找了史丹顿，史丹顿让他知道那道命令的确错得离谱，林肯就撤回了。从此事可以看出林肯是一个服善之人，只要批评是出于善意的，而且言之有物，它的作用比赞美还要大。

谁都应该接受善意的批评，因为人非圣贤，孰能无过，而且往往是错的时候比对的时候多。爱因斯坦就说过，百分之九十九的时间他的结论都是错的。

比尔·盖茨常说："竞争对手的意见常常比我们对自己的看法中肯得多，可是我们一听到有人在批评自己时，连批评的内容还没搞清楚，就本能地要替自己辩护。"

人是感性的动物，总是喜欢听好听的话。理智一碰到感情，就像冰逢烈火，霎时就可以溶解得颗滴无存。

然而有些东西是需要学的，学着谦虚，学着聪明，学着不要急着为自己辩护，学着对自己说："如果那个人知道我所有的缺点，他的批评就不会那么温和了。"

传播公司总裁查理士·路克曼为巴伯·霍伯制作节目一年要花费百余万元。他从不看赞美节目的信件，批评的信倒是封封过目。他知道可以从中学到一些东西，改善一些缺陷。

福特公司鼓励员工尽量批评内部的体制，把所有的批评意见综合起来，就成了改进公司状况的最佳指南。

有一位香皂推销员，主动要求人家给他批评。当他开始为高露洁推销香皂时，订单接得很少，他担心自己会失业。他确信产品或价格都没有问题，所以问题一定是出在自己身上。每当他推销失败，他会在街上走一走，想想什么地方做得不对，是表达得不够有说服力呢？还是热忱不足？有时他甚至会折回去问那位商家："我不是回来卖给你香皂的，我希望能得到你的意见与指正。请你告诉我，我刚才什么地方做错了？你的经验比我丰富，事业又成功。请给我一点指正，直言无妨，请不必保留。"他这个态度为他赢得了许多友谊以及珍贵的忠告。他后来升任高露洁公司的总裁，高露洁公司是现今最大的洗化产品公司。

这个人就是立特先生。

那么，当你受到批评时知道该怎么办了吗？成功学大师卡耐基可以教给你一个办法：当你因为自己受到批评而生气的时候，先停下来说："等一等……我离所谓完美的程度还差得远吗？如果爱因斯坦承认百分之九十九的时候他都是错的，也许我们至少有百分之八十的时候是错的，也许我该受到这样的批评，如果确实是这样的话，我倒应该表示感谢，并想办法由这里得到益处。"

第六节　赠人玫瑰手余香，善待他人路自广

助人为乐是一种高尚的情操。一个乐于助人的人必定是一个有同情心的人。乐于助人需要我们在他人危难的时候雪中送炭。人们常说"助人也助己"。真心付出去帮助他人的时候，自己也会有意外的收获。

对于一个身陷绝境的穷人来说，一块铜板的帮助可能会使他暂时摆脱极度的饥饿，或许还能使他干一番事业，开创他自己富有的天下。

君子要懂得成人之美

对于一个迷途难返的浪子来说，一次促膝交心的帮助可能会使他重建做人的尊严和自信，或许他在悬崖勒马之后，会闯出自己美好的天地，没有比帮助这一善举更能体现你宽广的胸怀和慷慨的气度了。不要小看对失意者随口说出的一句温馨的话语，对将要跌倒的人轻轻伸出扶助的双手，对无望者赋予一个真挚的信任，也许自己什么都没失去，而对一个需要帮助的人来说，也许就是醒悟、支持、宽慰。

范仲淹是一位充满人格魅力的宋代英杰，忧国忧民的忧患意识支配着他一生的行动外，不仅如此，他还乐意帮助需要帮助的人。

范仲淹在睢阳做官时，经常以自己的薪俸资助穷苦的读书人。曾有个孙秀才，特意来请示他接见，范仲淹很关心他，见过以后送给他十千铜钱。

第二年，这位孙秀才又来了，范仲淹又赠给了他十千铜钱。范仲淹问他"你这样辛苦地来回跑，究竟为什么？"孙秀才悲伤地回答："因为我没有办法养活老母亲，只好这样奔波，来求得一些帮助。倘若我每天能有一百铜钱的收入，就足够维持生活了。"

范仲淹说："我看你不是一个专门向人乞讨混日子的人。这样辛苦奔波能得到多少资助？我替你补一个学职，每月有三千的薪俸可供衣食之需。但有这样的安排以后，你能安心在学业上下功夫吗？"

孙秀才特别高兴，一再拜谢。于是，范仲淹安排他研习《春秋》。孙秀才果然十分刻苦，日夜抓紧学习，而且行为谨慎，严于约束自己，范仲淹很喜欢这个人。过了一年，范仲淹的职务有所调动，孙秀才也结束学业回去了。

10年以后，人们都说在泰山之下有位教授《春秋》的学者孙明复先生，学问和修养都很好，受到人们的赞誉。范仲淹把这位先生请到太学来，发现他原来就是当年贫穷的孙秀才。范仲淹颇有感触地说："贫穷，对于人来说，真是个大的困难。如果一个人衣食没保证，到处奔波，求帮助，一直到老，即使是孙明复那样的人才，也将会被埋没。"

范仲淹正是救孙明复于危难之中，才成就了一个人才。同样，元末明初著名的文学家施耐庵也是一个助人为乐的人。传说他除了著作《水浒传》外，还喜欢画画，画的牡丹远近闻名。由于他画的牡丹太逼真，风格独特，因而当地很多盐商渔霸都想以高价购买，可都被他谢绝了。

有一天，有个以挑私盐为生的叫王大的人，抱着孩子从门前走过，求人买下他5岁的孩子。只见那男孩拼命地抱住王大，哭个不停。施耐庵看到后非常难过，叫住王大问他为何落到这个地步。王大哭诉道："前年我死了妻子，借了人家二两银子办后事，两年下来连本带利已欠了十两银子。现在债主天天在催，我是被逼无奈才出此下策呀！"

施耐庵立即递给王大一张画，告诉他将画拿去可卖得十两银子，还了欠债，不要卖自己的孩子。王大捧着画来到大街上，盐商渔霸争着买画。王大还了债，高高兴兴地领着孩子回家去了。

孔子说："君子成人之美，不成人之恶。"君子成全别人的好事，不促成别人的坏事。扶危济困，救死扶伤，帮助他人，不图回报，是中华民族的一种传统美德。做人一定要学会在别人危难的时候拉一把。

做人要有恻隐之心

"春蚕到死丝方尽，蜡炬成灰泪始干。"不要担心别人不知道你的善良和爱心，只要凭良知做事就行了。不必担心别人辜负了你，只要时时照顾别人就是了。助人为乐贵在主动真心地关心他人、帮助他人，恻隐之心是助人为乐的起点或基础。

所谓恻隐之心，就是对人的一种同情心。同情心，是与他人发生同样感受的情感，是看到他人快乐自己也快乐、看到他人痛苦自己也痛苦的情感。有恻隐之心的人会像使自己得到快乐和使自己摆脱痛苦一样地帮助他人得到快乐、摆脱痛苦。这种行为的目的，不但毫不为己、毫无私心，而且还往往是自我牺牲的。这才能使人付出真心。因此，有恻隐之心的人能够理解和体谅他人的痛苦与困难，从而给予他人道义上的支持和实际上的帮助。

战国时期，赵国有位大臣名叫赵简子，他有两匹心爱的白骡子。为了救一个普通的士兵，他心甘情愿地杀死了这两匹白骡子。因为那位士兵哭着对他说："赵大人，我得了一种奇怪的病，快要死了。医生说只有吃了白骡子的肝脏才有救。请你赐给我一些騾肝吧！"赵简子扶起士兵，对他说："我一定会帮助你的。为了保存两头牲畜，而害死一条人命，实在是太残忍了，杀死两头牲畜，却能救活一个人，这才是真正的仁慈啊！"

生活的辩证法时时处处启迪着人们：一个人价值的实现，不能只顾及个人生命和利益的存在。并且，自己也不能给自己的生存意义下评判。个人不能离开他赖以生存的群体，不能离开由这些群体所构成的社会；个人的生命价值是由他人、社会给予评判的。只有在一定的社会条件下，个人的人生价值才能体现出来。因此，一个人在自己的人生征途中时刻不能脱离集体、社会。个人必须为大众，为社会承担责任，做出贡献，奉献自我。一个人只有当超越自己生命的狭小圈子，而热心投入到社会之中，真心地奉献自我，帮助他人，才有可能实现自己的人生价值。

帮助他人就是帮助自己

生命像回声，你送出什么它就回应什么，你播种什么就收获什么，你给予什么就得到什么。你想要别人是你的朋友，首先你得是别人的朋友。心要靠心来交换，感情只有用感情来交换。同样的道理，一个乐于助人的人同样也会得到别人的尊重和回报。

把别人的忧虑当成自己的忧虑的人，别人也会忧虑着他的忧虑；把别人的快乐当成自己的快乐的人，别人也会快乐着他的快乐。用利益帮助别人的人，别人也会用利益帮助他；用道德对待别人的人，别人也会用道德回报他。这就是人性，这就是人情。爱护别人的人，别人会爱护他；尊敬别人的人，别人会尊敬他。爱护别人就是爱护自己，帮助别人就是帮助自己，成就别人就是成就自己。相反，伤害别人就是伤害自己，毁谤别人就是毁谤自己，苛刻别人就是苛刻自己。做大事、立大功、建大业的人，必然是有大德的人。得到大多数人帮助的人，成功的机会就大；得到少数人帮助的人，成功的机会就小；得不到别人帮助的人，只有失败，没有成功。希望获得别人帮助的人，首先要帮助别人，吃亏在前，收获在后。

　　一年冬天，年轻的麦克随同伴来到美国南加州一个名叫霍尔逊的小镇。在那里，他认识了善良的镇长杰克逊。正是这位镇长，对麦克后来的成功影响巨大。

　　那天，天下着小雨，镇长门前花圃旁边的小路成了一片泥淖。于是行人就从花圃里穿过，弄得花圃一片狼藉。麦克不禁替镇长痛惜，于是不顾寒雨淋身，独自站在雨中看护花圃，让行人从泥淖中穿行。

　　这时出去半天的镇长满面微笑地从外面挑回一担煤渣，从容地把它铺在泥淖里。结果，再也没有人从花圃里穿过了。镇长意味深长地对麦克说："你看，给人方便，就是给了自己方便。我们这样做有什么不好？"

每个人的心都是一个花圃，每个人的人生之旅就好比花圃旁边的小路，而生活的天空不仅有风和日丽，也有风霜雪雨。那些在雨中前行的人们如果能有一条可以顺利通过的路，谁还愿意去践踏美丽的花圃，伤害善良的心灵呢？后来，麦克学会了与人方便，并在自己的艰苦奋斗下，成为一个大企业家。

　　有一篇叫《慷慨的农夫》的短文，说美国南部有个州，每年都举办南瓜品种大赛。一位经常获得头奖的农夫，获奖之后，毫不吝惜地将得奖的种子分送给街坊邻居。有人不解，问他为何如此慷慨，不怕别人的南瓜品种超过他吗？农夫回答："我将种子分送给大家，方便大家，其实也就是方便我自己！"原来，邻居们种上了良种南瓜，就可以避免蜜蜂在传递花粉过程中，将邻近较差品种的南瓜花粉传给农夫的南瓜。这样，农夫就能专心致力于品种的改良。否则。他就要在防范外来花粉方面大费周折。

这也是一个"予人方便，自己方便"的例子。你帮助了别人，自己就常常会得到意外的收获。福乐是每个人都想享有的。如果你处处只想到自己的利益，就会众叛亲离；过于孤立，则成功的缘分就渐渐疏离；不该得的财富你处心积虑地想拥有，到头来你只会失去更多的回报和机会。试着帮助他人，给他人提供方便，你会得到更多的收获。

美国加州有一种红杉树，它的高度大约是 90 米，相当于 30 层楼那么高。一般来说，越高大的植物，它的根理应扎得越深。红杉的根却只是浅浅地浮在地面。理论上，根扎得不够深的高大植物是非常脆弱的，只要一阵大风，就能将它连根拔起，红杉又如何能长得如此高大且屹立不倒呢？这里自然有红杉的生存原理。红杉一大片在一起生长，相邻的树根盘织在一起，形成一个整体。自然界中再大的飓风，也无法撼动几千株根部紧密联结，占地超过上千公顷的红杉林。除非飓风强到足以将整块地掀起，否则再也没有任何自然力量可以动摇红杉分毫。

红杉的生存原理给我们提供了一个很好的启示：成功不能只靠自己的强大。成功需要依靠别人，只有帮助越多人成功，你自己才能更成功。这也便是帮助他人、收获自己的道理了。